左手MongoDB，
右手Redis

从入门到商业实战

谢乾坤◎编著

Publishing House of Electronics Industry

北京·BEIJING

内 容 简 介

本书针对 MongoDB 和 Redis 这两个主流的 NoSQL 数据库编写，采用"理论+实践"的形式编写，共计 45 个实例。

全书分为 4 篇：第 1 篇，介绍了什么是 NoSQL、MongoDB 和 Redis 相对于传统关系型数据库的优势；第 2 篇，介绍了 MongoDB 与 Redis 的安装方法和基础操作，并使用员工信息管理系统和聊天室网站实践 MongoDB 和 Redis。第 3 篇，介绍了 MongoDB 与 Redis 的高级语法和应用；第 4 篇，使用 MongoDB 与 Redis 完整开发一个问答网站并逐步优化，是对前面知识的综合应用。

本书配有同步教学视频，能帮助读者快速而全面地了解每章的内容。本书还免费提供所有实例的源代码及素材。这些代码和素材不仅能方便读者学习，而且也能为以后的工作提供便利。

本书结构清晰、案例丰富、通俗易懂、实用性强。特别适合 MongoDB 和 Redis 的初学者与进阶读者作为自学教程。另外，本书也适合社会培训学校作为培训教材，还适合大中专院校的相关专业作为教学参考书。

未经许可，不得以任何方式复制或抄袭本书之部分或全部内容。
版权所有，侵权必究。

图书在版编目（CIP）数据

左手 MongoDB，右手 Redis：从入门到商业实战 / 谢乾坤编著. —北京：电子工业出版社，2019.2
ISBN 978-7-121-35880-7

Ⅰ.①左… Ⅱ.①谢… Ⅲ.①数据库系统 Ⅳ.①TP311.13

中国版本图书馆 CIP 数据核字(2019)第 004271 号

策划编辑：吴宏伟
责任编辑：牛　勇
印　　刷：北京捷迅佳彩印刷有限公司
装　　订：北京捷迅佳彩印刷有限公司
出版发行：电子工业出版社
　　　　　北京市海淀区万寿路 173 信箱　邮编：100036
开　　本：787×980　1/16　印张：21.25　字数：476 千字
版　　次：2019 年 2 月第 1 版
印　　次：2024 年 7 月第 12 次印刷
定　　价：79.00 元

凡所购买电子工业出版社图书有缺损问题，请向购买书店调换。若书店售缺，请与本社发行部联系，联系及邮购电话：(010) 88254888，88258888。
质量投诉请发邮件至 zlts@phei.com.cn，盗版侵权举报请发邮件至 dbqq@phei.com.cn。
本书咨询联系方式：010-51260888-819　faq@phei.com.cn。

前　言

关注以下公众号，回复"数据库"，可获得教学视频、实例素材、实例源代码。

我在之前工作中常使用的数据库是 MySQL。MySQL 是一个优秀的关系型数据库，但它的并发写入效率不高，而且需要提前定义数据表和字段类型。如果项目中需要每秒上万条数据的并发写入，并且数据的字段经常变化，则 MySQL 难以满足。

MongoDB 不需要创建库，不需要创建表，不需要定义字段。把 Python 字典插入到 MongoDB 中，只需要一行代码，一秒钟可写入一万条数据，并且每一条数据的字段都可以不一样，同一个字段每一条数据的类型也可以不一样。

如果在这个项目既要用到消息队列，又要储存大量的键值对，还要对大量数据进行去重，则使用 Redis 同时满足这些需求。

本书具有以下特点。

1. 免费提供教学视频

这本书除了实体书以外，还有在线视频。视频一方面用于讲解疑难知识点，另一方面用于对书中没有讲到的内容进行补充。如果书中讲到的用法由于系统版本更新、数据库版本更新或者第三方库的版本更新导致不能使用了，那么我也会通过视频介绍最新的用法。

2. 可加入本书 QQ 学习群提问、交流

加入读者交流 QQ（705161389）群的读者，如果有在群里提到了比较集中的问题，我也会通过视频进行讲解。

3. 通过 45 个实例进行讲解

项目驱动的学习方法，曾让我学 MongoDB 和 Redis 事半功倍。这本书我也将会通过 45 个实际案例，带领各位读者重新走一遍我曾经的学习之路。

4. 免费提供实例素材

书中实例用到的素材已经提供，如图 1 所示。读者可以通过这些素材完全再现书中的实例效果。

图 1　本书实例用到的素材

5. 免费提供实例的源代码

读者可以一边阅读本书，一边参照源代码动手练习。这样不仅能提高学习的效率，还能对书中的知识有更加直观的认识，从而逐渐培养自己的编码能力。

6. 采用短段、短句，便于流畅阅读

本书采用丰富的层次，并采用简洁的段落和语句，所以，本书读来有顺水行舟的轻快感。

7. 实例的商业性、应用性强

本书提供的实例多数来源于真正的商业项目，具有很高的参考价值，有的代码甚至可以直接被移植到实际的项目中，进行重复使用，让"从学到用"这个过程变得更加直接。

最后，感谢我的工作搭档，同时也是我的产品经理、我的健身教练、我的摄影师兼我的女朋友韵韵。你让我对明天有所期许，希望你能在我的明天里。

虽然我们对书中所述内容都尽量核实并多次进行文字校对，但因时间紧张，加之水平所限，书中难免有疏漏和错误之处，敬请广大读者批评并指正。

联系编辑请发 E-mail 到 wuhongwei@phei.com.cn。

谢乾坤

2019 年 6 月

目 录

第 1 篇 基础知识

第 1 章 进入 MongoDB 与 Redis 的世界 2
1.1 非关系型数据库的产生背景与分类 2
1.1.1 关系型数据库遇到的问题 2
1.1.2 非关系型数据库的分类及特点 2
1.2 MongoDB 与 Redis 可以做什么 3
1.2.1 MongoDB 适合做什么 3
1.2.2 Redis 适合做什么 3
1.3 如何学习 MongoDB 和 Redis 4
1.3.1 项目驱动,先用再学 4
1.3.2 系统梳理,由点到面 4
1.3.3 分清主次,不要在无谓的操作中浪费时间 5
1.3.4 在不同领域中尝试 5
1.4 如何使用本书 5
1.4.1 本书的产品定位 5
1.4.2 本书适用的读者群体 6
1.4.3 如何利用本书实例进行练习 6

第 2 章 数据存储方式的演进 8
2.1 从文件到 MongoDB 数据库 8
2.1.1 使用文件保存数据 8
2.1.2 使用 MongoDB 保存数据 9
2.2 从队列 Queue 到 Redis 9
2.2.1 了解"生产者/消费者"模型 9
2.2.2 实例 1:使用 Python 实现队列 10
2.2.3 Python 的 Queue 及其缺陷 12
2.2.4 实例 2:使用 Redis 替代 Queue 12
本章小结 14

第 2 篇　快速入门

第 3 章　MongoDB 快速入门 16
3.1　MongoDB 和 SQL 术语对比 16
3.2　安装 MongoDB 16
3.2.1　在 Windows 中安装 16
3.2.2　在 Linux 中安装 19
3.2.3　在 macOS 中安装 21
3.3　MongoDB 的图形化管理软件——Robo 3T 25
3.3.1　安装 25
3.3.2　认识 Robo 3T 的界面 28
3.4　MongoDB 的基本操作 29
3.4.1　实例 3：创建数据库与集合，写入数据 29
3.4.2　实例 4：查询数据 36
3.4.3　实例 5：修改数据 46
3.4.4　实例 6：删除数据 47
3.4.5　实例 7：数据去重 49
3.5　使用 Python 操作 MongoDB 51
3.5.1　连接数据库 51
3.5.2　MongoDB 命令在 Python 中的对应方法 53
3.5.3　实例 8：插入数据到 MongoDB 55
3.5.4　实例 9：从 MongoDB 中查询数据 55
3.5.5　实例 10：更新/删除 MongoDB 中的数据 56
3.6　MongoDB 与 Python 不通用的操作 58
本章小结 64

第 4 章　实例 11：用 MongoDB 开发员工信息管理系统 65
4.1　了解实例最终目标 65
4.2　准备工作 69
4.2.1　了解文件结构 69
4.2.2　搭建项目运行环境 69
4.2.3　启动项目 72
4.3　项目开发过程 74

		4.3.1	生成初始数据	74
		4.3.2	实现"查询数据"功能	75
		4.3.3	实现"添加数据"功能	79
		4.3.4	实现"更新数据"功能	83
		4.3.5	实现"删除数据"功能	85
	本章小结			88

第5章 Redis 快速入门 89

5.1 安装 Redis 89
5.1.1 在 Windows 中安装 Redis 89
5.1.2 在 Linux 中安装 Redis 91
5.1.3 在 macOS 中安装 Redis 92
5.1.4 在线测试环境 93
5.2 字符串的创建、查询和修改 94
5.2.1 使用 redis-cli 实现 94
5.2.2 使用 Python 实现 99
5.2.3 字符串的应用 103
5.3 列表的创建、查询和修改 105
5.3.1 使用 redis-cli 实现 105
5.3.2 使用 Python 实现 110
5.3.3 列表的应用 116
5.4 集合的创建和修改 118
5.4.1 使用 redis-cli 实现 118
5.4.2 使用 Python 实现 127
5.4.3 集合的应用 132
本章小结 133

第6章 实例12：用 Redis 开发一个聊天室网站 134

6.1 了解实例的最终目标 134
6.2 准备工作 135
6.2.1 了解文件结构 135
6.2.2 搭建项目运行环境 136
6.3 项目开发过程 139

6.3.1 实现登录功能 1：创建 Redis 的连接实例 139
6.3.2 实现登录功能 2：实现"检查昵称是否重复"功能 141
6.3.3 实现登录功能 3：实现"设置和获取 Token"功能 142
6.3.4 实现聊天室页面 1：实现"获取聊天消息"功能 145
6.3.5 实现聊天室页面 2：实现"发送新信息"功能 148
6.3.6 实现聊天室页面 3：设定"刷屏检查字符串" 151
6.3.7 实现聊天室页面 4：读取刷屏限制的剩余时间 153
本章小结 154

第 3 篇　高级应用

第 7 章　MongoDB 的高级语法 156

7.1　AND 和 OR 操作 156
7.1.1 实例 13：查询同时符合两个条件的人（AND 操作） 156
7.1.2 实例 14：查询只符合其中任一条件的人（OR 操作） 159
7.1.3 实例 15：用 Python 实现 MongoDB 的 AND 与 OR 操作 162

7.2　查询子文档或数组中的数据 163
7.2.1 认识嵌入式文档 163
7.2.2 实例 16：嵌入式文档的应用 164
7.2.3 认识数组字段 167
7.2.4 实例 17：数组应用——查询数组包含与不包含"××"的数据 168
7.2.5 实例 18：数组应用——根据数组长度查询数据 170
7.2.6 实例 19：数组应用——根据索引查询数据 170
7.2.7 Python 操作嵌入式文档与数组字段 172

7.3　MongoDB 的聚合查询 173
7.3.1 聚合的基本语法 173
7.3.2 实例 20：筛选数据 174
7.3.3 实例 21：筛选与修改字段 177
7.3.4 实例 22：分组操作 184
7.3.5 实例 23：拆分数组 191
7.3.6 实例 24：联集合查询 193
7.3.7 实例 25：使用 Python 执行聚合操作 204
本章小结 205

第 8 章 MongoDB 的优化和安全建议 206

8.1 提高 MongoDB 读写性能 206
- 8.1.1 实例 26："批量插入"与"逐条插入"数据，比较性能差异 206
- 8.1.2 实例 27："插入"与"更新"数据，比较性能差异 214
- 8.1.3 实例 28：使用"索引"提高查询速度 217
- 8.1.4 实例 29：引入 Redis，以降低 MongoDB 的读取频率 218
- 8.1.5 实例 30：增添适当冗余信息，以提高查询速度 219

8.2 提高 MongoDB 的安全性 221
- 8.2.1 配置权限管理机制 221
- 8.2.2 开放外网访问 230

本章小结 233

第 9 章 Redis 的高级数据结构 234

9.1 哈希表的功能和应用 234
- 9.1.1 实例 31：使用 Redis 记录用户在线状态 234
- 9.1.2 实例 32：使用 Python 向哈希表中添加数据 239
- 9.1.3 实例 33：使用 Python 从哈希表中读取数据 241
- 9.1.4 实例 34：使用 Python 判断哈希表中是否存在某字段，并获取字段数量 244
- 9.1.5 实例 35：在 Redis 交互环境 redis-cli 中读/写哈希表 245

9.2 发布消息/订阅频道 247
- 9.2.1 实例 36：实现一对多的消息发布 247
- 9.2.2 实例 37：在 Python 中发布消息/订阅频道 252
- 9.2.3 实例 38：在 redis-cli 中发布消息/订阅频道 254

9.3 有序集合 255
- 9.3.1 实例 39：实现排行榜功能 256
- 9.3.2 实例 40：使用 Python 读写有序集合 258
- 9.3.3 实例 41：在 Redis 交互环境 redis-cli 中使用有序集合 264

9.4 Redis 的安全管理 266
- 9.4.1 实例 42：设置密码并开放外网访问 266
- 9.4.2 禁用危险命令 269

本章小结 269

第4篇 商业实战

第10章 实例43：搭建一个类似"知乎"的问答网站 272

10.1 了解实例的最终目标 272
10.2 准备工作 274
10.2.1 了解文件结构 274
10.2.2 搭建实例运行环境 275
10.2.3 运行项目 276
10.3 项目开发过程 278
10.3.1 生成初始数据 278
10.3.2 实现"查询问题列表"功能 279
10.3.3 实现"查询回答"功能 281
10.3.4 实现"提问与回答"功能 282
10.3.5 实现"点赞"与"点踩"功能 283
本章小结 284

第11章 实例44：使用Redis存储网站会话（接第10章实例） 285

11.1 了解实例的最终目标 285
11.1.1 注册账号 285
11.1.2 登录后回答问题 287
11.1.3 修改回答 287
11.1.4 用户回答同一个问题的次数 287
11.1.5 修改提问 288
11.2 准备工作 288
11.2.1 了解文件结构 288
11.2.2 搭建项目运行环境 290
11.2.3 运行实例 290
11.3 开发过程 292
11.3.1 会话管理的基本原理 292
11.3.2 保存与读取用户信息 294
11.3.3 更新问题和回答 295
11.3.4 检查用户名是否已经注册 295
11.3.5 在Redis中储存与删除Session 295

11.3.6　从 Redis 中获取 Session 296
　　　11.3.7　记录和检查"用户回答是否回答了某个问题" 297
　　本章小结 297

第 12 章　实例 45：大规模验重和问答排序（接第 11 章实例）..................298

　12.1　了解实例的最终目标 298
　　　12.1.1　账号验重功能 298
　　　12.1.2　动态排序功能 299
　　　12.1.3　注销登录功能 299
　　　12.2.4　翻页功能 300
　12.2　准备工作 300
　　　12.2.1　了解文件结构 300
　　　12.2.2　搭建项目运行环境 302
　　　12.2.3　运行项目 302
　12.3　开发过程 304
　　　12.3.1　了解"布隆过滤器"的基本原理 304
　　　12.3.2　使用"布隆过滤器"对注册用户进行验重 308
　　　12.3.3　让"问题"与"回答"根据点赞数动态排序 311
　　本章小结 317

第 13 章　重构和优化 319

　13.1　划分代码层次 319
　　　13.1.1　寻找问题 319
　　　13.1.2　如何重构 321
　13.2　MongoDB 的常见陷阱 322
　　　13.2.1　默认超时时间 322
　　　13.2.2　硬盘空间的使用 325
　13.3　使用 Redis 的注意事项 326
　　　13.3.1　"多 Redis 实例"与"单 Redis 实例多数据库"的差异 326
　　　13.3.2　尽可能为每个 Key 设置过期时间 328
　　本章小结 328

读者服务

轻松注册成为博文视点社区用户（www.broadview.com.cn），扫码直达本书页面。

- **下载资源**：本书如提供示例代码及资源文件，均可在 下载资源 处下载。
- **提交勘误**：您对书中内容的修改意见可在 提交勘误 处提交，若被采纳，将获赠博文视点社区积分（在您购买电子书时，积分可用来抵扣相应金额）。
- **交流互动**：在页面下方 读者评论 处留下您的疑问或观点，与我们和其他读者一同学习交流。

页面入口：http://www.broadview.com.cn/35880

第 1 篇 基础知识

随着大数据时代的到来，数据急速增长，导致关系型数据库（SQL）越来越不够用。高性能、可扩展的数据库变得越来越重要起来。在这样的场景下，非关系型数据库（NoSQL）应运而生。这里的"NoSQL"不是"No SQL（不是 SQL）"，而是"Not only SQL（不仅是 SQL）"的简称。

第 1 章主要介绍数据库的产生背景和功能，以及如何学习它们。

第 2 章通过实例介绍 MongoDB 与 Redis 存在的必要性。

第 1 章 进入MongoDB与Redis的世界

非关系型数据库在如今的大数据环境下越来越受到重用。相比传统的关系型数据库，非关系型数据库在越来越多的使用场景下极大地提升了生产力。

非关系型数据库的佼佼者——文档型数据库 MongoDB 与键值数据库 Redis，是这本书的两个主角。

1.1 非关系型数据库的产生背景与分类

1.1.1 关系型数据库遇到的问题

2008 年左右，网站、论坛、社交网络开始高速发展，关系型数据库的地位受到了很大的挑战。

关系型数据库的以下问题逐渐凸显：

- 难以应付每秒上万次的高并发数据写入。
- 查询上亿量级数据的速度极其缓慢。
- 分库、分表形成的子库到达一定规模后难以进一步扩展。
- 分库、分表的规则可能会因为需求变更而发生变更。
- 修改表结构困难。

在很多互联网应用场景下，对数据联表的查询需求不是那么强烈，也并不需要在数据写入后立刻读取，但对数据的读取和并发写入速度有非常高的要求。在这样的情况下，非关系型数据库得到高速的发展。

2009 年，分布式文档型数据库 MongoDB 引发了一场去 SQL 的浪潮。

1.1.2 非关系型数据库的分类及特点

非关系型数据库主要分为以下几类。

1. 键值数据库

主要代表是 Redis、Flare。

这类数据库具有极高的读写性能，用于处理大量数据的高访问负载比较合适。

2. 文档型数据库

主要代表是 MongoDB、CouchDB。

这类数据库满足了海量数据的存储和访问需求，同时对字段要求不严格，可以随意地增加、删除、修改字段，且不需要预先定义表结构，所以适用于各种网络应用。

3. 列存储数据库

主要代表是 Cassandra、Hbase。

这类数据库查找速度快，可扩展性强，适合用作分布式文件存储系统。

4. 图数据库

主要代表是 InfoGrid、Neo4J。

这类数据库利用"图结构"的相关算法，适合用于构建社交网络和推荐系统的关系图谱。

1.2 MongoDB 与 Redis 可以做什么

1.2.1 MongoDB 适合做什么

MongoDB 适合储存大量关联性不强的数据。

MongoDB 中的数据以"库"—"集合"—"文档"—"字段"结构进行储存。这种结构咋看和传统关系型数据库的"库"—"表"—"行"—"列"结构非常像。但是，MongoDB 不需要预先定义表结构，数据的字段可以任意变动，并发写入速度也远远超过传统关系型数据库。

1.2.2 Redis 适合做什么

Redis 有多种数据结构，适合多种不同的应用场景。

1. 使用 Redis 做缓存

Redis 的字符串、哈希表两种数据结构适合用来储存大量的键值对信息，从而实现高速缓存。

2. 使用 Redis 做队列

Redis 有多几种数据结构适于做队列：

- 使用"列表"数据结构，可以实现普通级和优先级队列的功能。

- 使用"有序集合"数据结构,可以实现优先级队列;
- 使用"哈希表"数据结构,可以实现延时队列。

3. 使用 Redis 去重

Redis 有多几种数据结构适于做去重:
- 利用"集合"数据结构,可以实现小批量数据的去重;
- 利用"字符串"数据结构的位操作,可以实现布隆过滤器,从而实现超大规模的数据去重;
- 利用 Redis 自带的 HyperLogLog 数据结构,可以实现超大规模数据的去重和计数。

4. 使用 Redis 实现积分板

Redis 的"有序集合"功能可以实现积分板功能,还能实现自动排序、排名功能。

5. 使用 Redis 实现"发布/订阅"功能

Redis 自带的"发布/订阅"模式可以实现多对多的"发布/订阅"功能。

1.3 如何学习 MongoDB 和 Redis

本节谈一谈如何学习 MongoDB 和 Redis。

1.3.1 项目驱动,先用再学

"先看理论,再实做"的学习方法,最容易让人昏昏欲睡。如果先看理论,由于不知道具体的应用场景,学起来就难以抓住重点。

如果先给出一个项目,然后根据完成这个项目需要哪些知识点去针对性地学习,就能很容易找到重点,活学活用。在完成项目的同时,也就学好了知识点。

1.3.2 系统梳理,由点到面

项目驱动也并非完美无缺。基于项目来学习,容易导致的问题是知识点零碎而不成系统。因此,在完成一个项目后,应对项目涉及的知识点进行系统性的学习。例如,聊天网站需要使用 Redis 的列表,那么在完成了聊天网站后,就应该详细了解 Redis 列表的其他命令。

又比如,在问答系统中需要使用 MongoDB 的联集合查询,那么在完成项目以后,应根据联集合查询用到的"aggregate"命令去了解 MongoDB 的聚合操作。在了解了聚合操作以后,再思考聚合操作的其他应用场景。

1.3.3 分清主次,不要在无谓的操作中浪费时间

搭建环境是很多人学习的"拦路虎"。由于电脑环境的差异,可能有一些读者无论如何都无法在自己的电脑上把数据库运行起来。此时,千万不要恋战。赶紧重装系统、更换电脑、求助他人,或者使用别人已经搭建好的环境。

首先学会使用数据库,等基于 MongoDB 或者 Redis 的程序能够完美运行了,再来慢慢考虑环境搭建的问题。

至于 MongoDB 的分库、分表、集群,Redis 的集群、哨兵等内容,除非你想成为数据库工程师,否则,可以等到熟练使用 MongoDB 和 Redis 后,再找大块空闲时间来了解。

1.3.4 在不同领域中尝试

MongoDB 与 Redis 在多个领域中都有重要的应用。例如:
- 在爬虫开发中,MongoDB 主要用来写数据,Redis 主要用来缓存网址。
- 在数据分析中,MongoDB 的聚合操作用得较多。
- 在后端开发中,主要用到 MongoDB 的增、删、改、查功能,Redis 主要用来做缓存。
- 在游戏开发中,Redis 可以用来做排名功能。

如果希望更好地掌握 MongoDB 和 Redis,那么可以在多个领域都寻找项目来进行尝试,从而更全面地了解各个功能和应用场景。

1.4 如何使用本书

1.4.1 本书的产品定位

本书旨在教会读者在不同应用场景下正确使用 MongoDB 和 Redis 的不同功能,不会介绍数据库的底层原理,也不会介绍如何优化数据,更不会介绍如何搭建数据库集群。

如果以开车作为比喻,学习开车不需要知道汽车的所有组成元件,也不需要知道汽车为什么踩下油门就可以跑,更不需要知道汽车是如何组装的。诚然,技艺高超的赛车手确实需要知道汽车的一些底层原理,但前提是要会开车,再来考虑如何开得好。

几乎找不到不用数据库的互联网公司。似乎在任何场景下都要用到数据库,但数据库绝不仅仅是保存数据那样简单,数据库的不同功能有不同的适用场景。如何在适当的场景下选择最适当的功能,正是本书需要教给读者的。

本书虽然也有数据库搭建的内容,但希望读者耗费在搭建数据库上的时间不要超过半小时。如果搭建遇到了问题,请立即咨询朋友、老师,或者使用学校或公司已经搭建好的数据库来进

行学习。绝对不应该在搭建数据库上耗费太多时间。

1.4.2 本书适用的读者群体

本书不适合希望成为数据库工程师的读者。

本书强调如何将 MongoDB 和 Redis 应到实际项目中，因此本书会使用编程语言 Python 来操作数据库，这就要求读者必须有 Python 基础。

如果读者对 Python 不熟悉，可以参考李金洪老师编著的《Python 带我起飞——入门、进阶、商业实战》（电子工业出版社出版）一书。

本书适合有 Python 基础的后端工程师、爬虫工程师、数据工程师、数据科学家、数据挖掘工程师、游戏开发工程师等群体阅读学习。

1．后端工程师

本书中涉及的网站是使用 Flask 开发的，后端工程师在学习了 MongoDB 与 Redis 知识后，可以参考本书的网站源代码举一反三，使用 MongoDB 与 Redis 来优化自己网站的后台代码，从而提高速度或者简化逻辑。

2．爬虫工程师

MongoDB 特别适合写入大批量、高并发、不规则的数据，Redis 特别适合作为分布式爬虫的连接枢纽。爬虫工程师在学习了 MongoDB 与 Redis 后，可以大大提高爬虫的开发效率和运行效率。

3．数据工程师、数据科学家、数据挖掘工程师

这个群体的读者，可以使用 MongoDB 来保存数据，并使用 MongoDB 的聚合查询功能来对数据进行一些基本的查询操作和清洗操作，从而输出格式较为规范的数据，以便进行进一步分析。

4．游戏工程师

Redis 特别适合用来存放一些中间数据。另外，Redis 自带的一些数据结构天然适合用来实现游戏中的一些功能，例如积分板、去重、高速缓存等。

1.4.3 如何利用本书实例进行练习

本书有大量的实例供读者练习。实例分为小型、中型和大型三种。

1．小型实例

对于小型实例，读者可以根据书中的描述直接在 MongoDB 图形化管理软件、Redis 交换环境或 Python 交互环境中进行操作。

这种实例包括（但不限于）MongoDB 与 Redis 的基本语法、基本操作。

2．中型实例

对于中型实例，由于需要完成较多的 Python 代码，因此需要在 Python 的集成开发环境（PyCharm 等）中完成。

本书会为中型实例提供原始数据的生成程序。只要运行生成程序，就会在 MongoDB 或者 Redis 中写入练习专用的原始数据。然后，读者就可以操作这些原始数据进行学习。

3．大型实例

对于大型的实例，本书会附送相应的代码（一个网站的所有源文件）。读者根据书中的使用说明，可以在自己电脑上将网站的运行环境搭建起来。

在项目环境能正常运行后，读者只需要完成项目中的 MongoDB 或 Redis 模块，就可以使整个网站按照预期的效果正常工作。

第 2 章

数据存储方式的演进

对于小批量的数据,可以使用"记事本"程序将其保存到硬盘里。但如果数据量越来越多,类型越来复杂,使用"记事本"程序保存就难以查询和修改。数据库的出现,就是为了便于从大量数据中查询和修改内容。

在程序开发中,常常涉及一些中间数据,这些中间数据会被频繁读/写。如果仅仅把中间数据放在内存中,则不便于从外界观察程序运行到了什么状态。而把中间数据保存到基于硬盘的传统数据库,又会影响程序性能。内存数据库的出现,就解决了这个问题。

2.1 从文件到 MongoDB 数据库

2.1.1 使用文件保存数据

对于少量数据,可以使用"记事本"程序来保存。但如果需要对数据进行计算,那么记事本显然就不能胜任了。此时可以考虑 Excel。还可以使用 Excel 的数据透视表来统计数据,如图 2-1 所示。

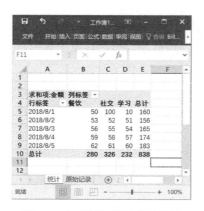

图 2-1　使用数据透视表统计数据

Excel 的一张表可以存放 100 万行左右的数据，那如果每天的数据都超过 100 万行呢？此时就不得不使用数据库来保存了。

2.1.2 使用 MongoDB 保存数据

使用数据库，可以保存大量的数据，这是数据库最基本的功能。另外，数据库还能够对数据进行逻辑运算、数学运算、搜索、批量修改或删除。

相比于传统的关系型数据库，MongoDB 对于每一次插入的字段格式没有要求，字段可以随意变动，字段类型也可以随意变动，如图 2-2 所示。

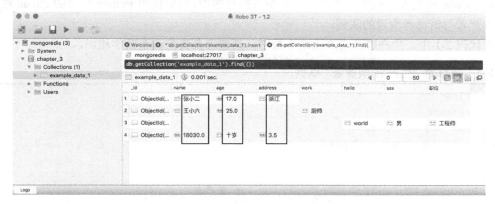

图 2-2 MongoDB 对字段格式与内容不做限制

MongoDB 可以并发插入上万条文档，这是传统关系型数据库所不能望其项背的。

2.2 从队列 Queue 到 Redis

在某些场景下，使用队列可以提高程序的运行性能，但如何选择合适的队列也需要仔细考虑。

2.2.1 了解"生产者/消费者"模型

在餐馆吃饭时，厨师做完一道菜后就会把菜从传菜窗口递出去，然后继续做下一道菜。厨师不需要关心顾客是不是已经把菜吃完了。如果厨师做菜的速度大于顾客拿菜的速度，那么就会有越来越多的菜堆在传菜窗口。如果顾客拿菜的速度大于厨师做菜的速度，那么传菜窗口始终是空的，来一道菜就会立刻被拿走。

在程序开发中，这就是一个典型的"生产者/消费者"模型：厨师是生产者，负责生产；顾客是消费者，负责消费。厨师和顾客各做各的事情。传菜窗口就是队列，它把生产者与消费者联系在一起。

2.2.2 实例1：使用 Python 实现队列

实例描述

使用 Python 自带的 queue 对象来实现队列：
（1）使用 Python 实现一个简单的"生产者/消费者"模型。
（2）使用 Python 的 queue 对象做信息队列。

在 Python 使用多线程实现生产者与消费者的程序中，可以使用 Python 自带的 queue 对象来作为生产者与消费者沟通的队列。

在代码 2-1 中，生产者负责产生两个数字，消费者负责把两个数字相加。

代码 2-1　简单的"生产者/消费者"队列

```python
import time
import random
from queue import Queue
from threading import Thread


class Producer(Thread):                          # 生产者
    def __init__(self, queue):
        super().__init__()                       # 显式调用父类的初始化方法
        self.queue = queue

    def run(self):
        while True:
            a = random.randint(0, 10)            # 在 0~10 之间生成一个随机整数
            b = random.randint(90, 100)
            print(f'生产者生产了两个数字：{a}, {b}')
            self.queue.put((a, b))               #把两个数字用元组的形式放进队列中
            time.sleep(2)

class Consumer(Thread):                          # 消费者
    def __init__(self, queue):
        super().__init__()
        self.queue = queue

    def run(self):
        while True:
```

```
            num_tuple = self.queue.get(block=True)      # block=True 表示，如果队列为
空则阻塞在这里，直到队列有数据为止
            sum_a_b = sum(num_tuple)
            print(f'消费者消费了一组数，{num_tuple[0]} + {num_tuple[1]} = {sum_a_b}')
            time.sleep(random.randint(0, 10))           # 随机暂停一定时间，这个时间是
0~10 秒之间的随机值

queue = Queue()
producer = Producer(queue)
consumer = Consumer(queue)

producer.start()                                        #启动子线程
consumer.start()
while True:
    time.sleep(1)
```

生产者固定每两秒生产一组数，然后把这一组数放进队列里。

消费者每次从队列里面取一组数，将它们相加然后打印出来。消费者取一次数的时间是1~10 秒中的一个随机时间。

由于生产过程和消费过程的时间不对等，所以，可能会出现生产者生产的数据堆积在队列中的情况，如图 2-3 所示。

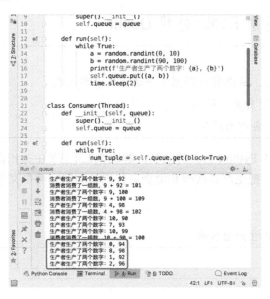

图 2-3　生产的数据堆积

2.2.3 Python 的 Queue 及其缺陷

代码 2-1 的运行结果存在两种情况：
- 如果消费者每次暂停的时间都小于 2 秒，那么队列始终是空的，来一组数立刻就被消费。
- 如果消费者每次暂停的时间都大于 2 秒，那么队列里的数会越来越多。

但是，由于消费者暂停时间是随机的，我们不能提前知道它每次会暂停多久。

假定程序运行了 1 小时，请问队列里有多少数据？

如果使用 Python 自带的队列，就会出现以上的疑问。因为开发者不能直接看到队列的长度。如果开发者一开始就考虑到"需要随时观察队列长度"这个需求，那么可以通过对代码做一些修改来实现。但如果一开始没有打算观察队列长度，仅仅是临时起意，那该怎么办？

如果不仅想看队列长度，还想看里面每一组数都是什么，又该如何操作？

假设队列里已经堆积了一百组数，现在想增加消费者，该怎么增加？

如再运行一个 Python 程序，那能去读第一个正在运行中的 Python 程序中的队列吗？

Python 把队列中的数据存放在内存中。如果电脑突然断电，那队列里的数是不是全都丢失了？

为了防止丢数据，是否需要把数据持久化到硬盘？那持久化的代码怎么写，代码量有多少，考不考虑并发和读写冲突？

为了解决上述问题，在代码 2-1 的基础上，代码量要翻倍翻倍再翻倍。

2.2.4 实例 2：使用 Redis 替代 Queue

实例描述

使用 Redis 作为队列，从而解决实例 1 中遇到的各种问题。

（1）拆分"生产者/消费者"队列。

（2）使用 Redis 的列表作为队列。

如果使用 Redis 代替 Python 自带的队列，解决 2.2.3 小节中提出的所有问题，则代码量的变化甚至可以忽略不计。把生产者代码和消费者代码分别写到两个文件中。

1. 生产者代码

代码 2-2　使用 Redis 后的生产者代码

```
import time
import json
import redis
import random
```

```python
from threading import Thread

class Producer(Thread):
    def __init__(self):
        super().__init__()
        self.queue = redis.Redis()

    def run(self):
        while True:
            a = random.randint(0, 10)
            b = random.randint(90, 100)
            print(f'生产者生产了两个数字：{a}, {b}')
            self.queue.rpush('producer', json.dumps((a, b)))
            time.sleep(2)

producer = Producer()
producer.start()
while True:
    time.sleep(1)
```

2. 消费者代码

代码 2-3　使用 Redis 后的消费者代码

```python
import json
import time
import redis
import random
from threading import Thread

class Consumer(Thread):
    def __init__(self):
        super().__init__()
        self.queue = redis.Redis()

    def run(self):
        while True:
            num_tuple = self.queue.blpop('producer')
            a, b = json.loads(num_tuple[1].decode())
            print(f'消费者消费了一组数，{a} + {b} = {a + b}')
            time.sleep(random.randint(0, 10))

consumer = Consumer()
```

```
consumer.start()
while True:
    time.sleep(1)
```

> **提示：**
> 读者不必太纠结本章中的代码，本书后面的章会对各个知识点做详细的解读。

现在，生产者和消费者可以放在不同的机器上运行，想运行多少个消费者就运行多少个消费者，想什么时候增加消费者都没有问题。

如果想观察当前队列里有多少数据，或者想看看具体有哪些数据在队列里，则执行一条命令："llen 队列名称"即可。图 2-4 中，当前队列中已经堆积了 35 组数据。

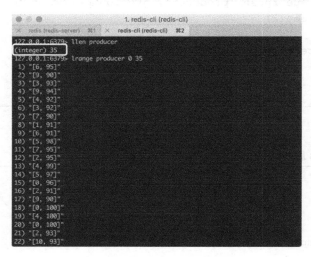

图 2-4 观察当前队列中有多少数据

Redis 自己会对数据做持久化处理，所以，即使电脑断电也不必担心。甚至，开发者还可以通过修改队列中的数据，从而影响消费者的输出结果。

本章小结

本章简单介绍了 MongoDB 与 Redis 的两个应用实例，从而引出了 MongoDB 和 Redis 在实际应用中的优势。其中，MongoDB 可以用来保存大量数据，且字段和格式均可以随意改变；Redis 扩展了队列的应用范围，使得开发者可以方便地观察程序的运行状况，甚至在运行中改变程序的行为。

第 2 篇 快速入门

非关系型数据库有着强大的扩展能力，不需要事先定义好数据库中的字段，数据插入速度远超关系型数据库。

第 3 章会介绍 MongoDB 的安装和基本语法。另外，介绍在图形化管理工具 Robo 3T 中操作 MongoDB，以及使用 Python 操作 MongoDB 的方法。

第 4 章会以实例的形式巩固 MongoDB 的基础知识。

第 5 章会介绍 Redis 的安装和基本语法，以及使用 Python 操作 Redis 的方法。

第 6 章会以实例的形式巩固 Redis 的基础知识。

第 3 章

MongoDB 快速入门

MongoDB 的语法与 Python 非常相似。在很多情况下,操作 MongoDB 的代码都可以直接用到 Python 中。所以,结合 Python 来学习 MongoDB 可以起到事半功倍的效果。

3.1 MongoDB 和 SQL 术语对比

SQL 与 MongoDB 术语对比见表 3-1。

表 3-1 SQL 与 MongoDB 术语对比

SQL	MongoDB
表（Table）	集合（Collection）
行（Row）	文档（Document）
列（Col）	字段（Field）
主键（Primary Key）	对象 ID（ObjectId）
索引（Index）	索引（Index）
嵌套表（Embeded Table）	嵌入式文档（Embeded Document）
数组（Array）	数组（Array）

3.2 安装 MongoDB

3.2.1 在 Windows 中安装

（1）访问 MongoDB 官网的下载页面（https://www.mongodb.com/download-center?jmp=nav#community），单击"DOWNLOAD(msi)"按钮,如图 3-1 所示。

第 3 章　MongoDB 快速入门

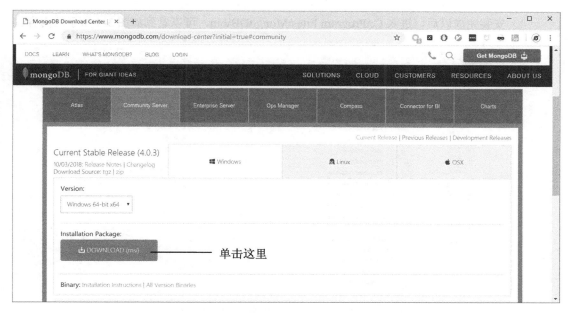

图 3-1　从 MongoDB 官网下载 Windows 版 MongoDB

（2）双击下载的文件（如无特殊说明，只需要一直单击"Next"按钮即可）。在安装过程中将会看到如图 3-2 所示的界面选择安装方式，这里单击"Custom"按钮。

（3）修改文件的安装路径到 C:\Program Files\MongoDB，单击"Next"按钮进行安装，如图 3-3 所示。

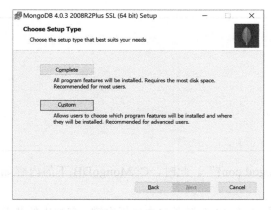

图 3-2　单击"Custom"按钮

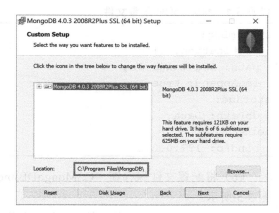

图 3-3　修改文件安装路径

（4）安装完成以后，进入 C:\Program Files\MongoDB\bin，可以看到如图 3-4 所示的内容。

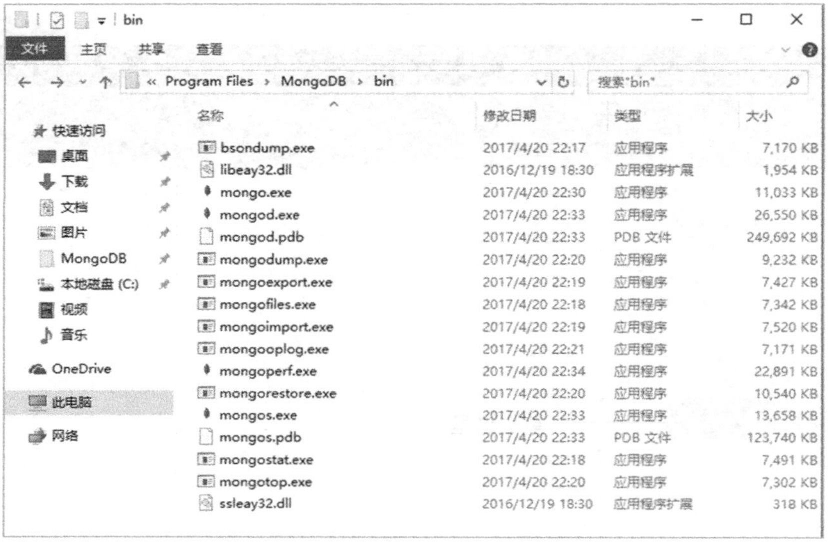

图 3-4 安装完成后的文件内容

（5）将这里的所有文件全部复制并粘贴到 C:\MongoDB\ 下，以方便管理。

手动创建存放数据文件的文件夹"C:\MongoDB\Data"，以及存放日志文件的文件夹"C:\MongoDB\Log"。最后使用记事本创建配置文件，配置文件的内容见代码 3-1。

代码 3-1 MongoDB 配置文件

```
systemLog:
  destination: file
  path: Log\mongo.log
  logAppend: true
storage:
  dbPath: Data
net:
  bindIp: 127.0.0.1
```

（6）将配置文件保存在"C:\MongoDB\mongod.conf"。此时，C:\MongoDB\ 下的内容如图 3-5 所示。

在 D:\MongoDB 的安装文件夹中的空白位置，按住 Shift 键并单击鼠标右键，在弹出的菜单中选择"在此处打开命令窗口"命令，然后输入以下代码启动 MongoDB：

```
mongod.exe --config mongod.conf
```

图 3-5　创建文件夹和配置文件以后的 MongoDB 文件夹

运行 MongoDB 以后，由于日志文件（Log）都已经被写到文件 C:\MongoDB\Log\mongo.log 中了。因此控制台中就什么都没有显示，如图 3-6 所示。这是正常现象。

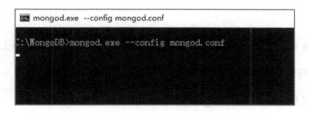

图 3-6　MongoDB 在 Windows 中运行不会有内容打印出来

3.2.2　在 Linux 中安装

由于 Linux 有众多的发行版，不同发行版本有不同的包管理工具，所以在各个发行版本中安装 MongoDB 的命令可能会有一些差异。本书以 Ubuntu 18.04 与 Ubuntu 16.04 为例，来说明如何安装 MongoDB。

1．在 Ubuntu 18.04 中安装 MongoDB

（1）安装。

在 Ubuntu 18.04 中安装 MongoDB 非常简单，只需要执行以下两行命令：

```
sudo apt update
```

```
sudo apt install -y mongodb
```

（2）确认 MongoDB 是否正常。

Ubuntu 18.04 版的 MongoDB 自带了一个配置文件（/etc/mongod.conf）。MongoDB 被安装后，系统会以这个配置文件为基准，自动以服务的方式启动它。所以，MongoDB 安装完成后就自启动了，不需要运行额外的命令来启动。

但是，可以通过以下命令来确认 MongoDB 是否正常运行：

```
systemctl status mongodb
```

图 3-7 中方框框住的"active(running)"表示 MongoDB 正在运行。

图 3-7　观察 MongoDB 是否正常运行

> 提示：
> 如果不是以 root 账户登录 Ubuntu，则执行 systemctl 命令时需要加上"sudo"，如下：
> sudo systemctl status mongodb

2．在 Ubuntu 16.04 中安装 MongoDB

首先添加 MongoDB 的源，见代码 3-2。

代码 3-2　在 Ubuntu16.04 中安装 MongoDB

```
01  sudo apt-key adv --keyserver hkp://keyserver.ubuntu.com:80 --recv
    2930ADAE8CAF5059EE73BB4B58712A2291FA4AD5
02
03  echo "deb [ arch=amd64,arm64 ] https://repo.mongodb.org/apt/ubuntu xenial/
    mongodb-org/3.6 multiverse" | sudo tee /etc/apt/sources.list.d/mongodb-org-
    3.6.list
04  sudo apt-get update
05  sudo apt-get install -y mongodb-org
```

其中主要代码说明如下。

- 第 1 行代码：导入包管理程序的公钥。

- 第 3 行代码：创建 MongoDB 需要用到的列表文件。
- 第 5 行代码：安装 MongoDB。

> 提示：
> Ubuntu 16.04 版的 MongoDB 也自带配置文件，地址为：/etc/mongod.conf。

3. 启动 MongoDB

安装完成后，MongoDB 服务并不会自动启动，需要使用 systemctl 命令来启动，具体命令如下：

```
sudo systemctl start mongod     # 启动 MongoDB
sudo systemctl enable mongod    # 把 MongoDB 设置为开机启动
```

> 提示：
> 在 Ubuntu 18.04 中执行 systemctl 命令时，MongoDB 对应的名字为"mongodb"。在 Ubuntu16.04 中，MongoDB 对应的名字为"mongod"，请注意区分。

3.2.3 在 macOS 中安装

1. 使用 Homebrew 安装并启动 MongoDB

Homebrew 是 macOS 系统中非常优秀的第三方包管理工具。如果读者已经安装过 Homebrew，则再安装 MongoDB 就变得极其简单。执行以下命令即可完成安装。

```
brew update
brew install mongodb
```

使用 Homebrew 安装的 MongoDB 会自动生成配置文件。

在安装完成以后，直接使用以下命令启动 MongoDB：

```
mongod --config /usr/local/etc/mongod.conf
```

2. 使用普通方式安装

在终端中输入以下命令来下载、解压 MongoDB 到~/chapter_3/mongo/mongodb 文件夹中，见代码 3-3。

代码 3-3　手动安装 MongoDB

```
01  mkdir ~/chapter_3
02  mkdir ~/chapter_3/mongo
03  cd ~/chapter_3/mongo
```

```
04  curl -O https://fastdl.mongodb.org/osx/mongodb-osx-x86_64-3.4.4.tgz
05  tar -zxvf mongodb-osx-x86_64-3.4.4.tgz
06  mkdir -p mongodb
07  cp -R -n mongodb-osx-x86_64-3.4.4/ mongodb
```

其中，主要代码说明如下。
- 第 1、2 行代码：创建文件夹。
- 第 3 行代码：进入刚刚创建的文件夹。
- 第 4 行代码：下载 MongoDB 的压缩包。tgz 是一种压缩格式。
- 第 5 行代码：把压缩包解压到当前文件夹。
- 第 7 行代码：把解压后的 MongoDB 文件复制到刚刚新创建的 mongodb 文件夹中。

运行效果如图 3-8 所示。

图 3-8　手动安装 MongoDB

安装完成后，在~/chapter_3/mongo/mongodb/bin 文件夹下可以看到如图 3-9 所示的各个文件。

图 3-9　MongoDB 文件夹

与 Windows 一样，在 macOS 下使用这种方式，MongoDB 不会自动创建配置文件，因此需要进一步配置。

（1）在~/chapter_3/mongo/mongodb/bin 文件夹下，手动创建两个文件夹——log 和 data。

> **提示：**
> 可以直接在终端里使用"mkdir"命令创建。也可以用访达（Finder）打开~/chapter_3/mongo/mongodb/bin 文件夹，如图 3-10 所示，然后在图形界面下创建 log 和 data 文件夹。

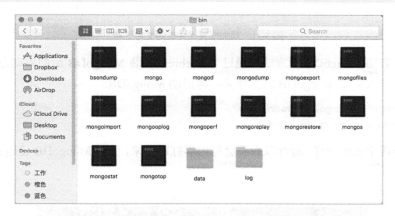

图 3-10　在图形界面中进入~/chapter_3/mongo/mongodb/bin 文件夹

（2）使用任何一个适合写代码的文本编辑器（如 Vim/Visual Studio Code/Sublime/Atom 等），编写内容见代码 3-4 中的内容，然后将编写的代码保存到~/chapter_3/mongo/mongodb/bin/mongodb.conf 中。

代码 3-4　MongoDB 的配置文件

```
systemLog:
  destination: file
```

```
  path: log/mongo.log
  logAppend: true
storage:
  dbPath: data
net:
  bindIp: 127.0.0.1
```

（3）配置后的文件结构如图 3-11 所示。

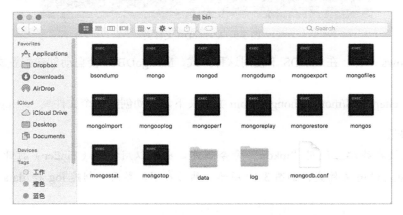

图 3-11　添加配置文件后的文件结构

接下来，启动 MongoDB 的方法和通过 Homebrew 安装 MongoDB 后的启动方式差不多了。在终端中，先进入存放 MongoDB 的文件夹，再启动 MongoDB：

```
cd ~/chapter_3/mongo/mongodb/bin
mongod --config mongodb.conf
```

如同另外两个系统一样，运行以后不会有内容打印出来，但是 MongoDB 已经正常启动了，如图 3-12 所示。

图 3-12　运行 MongoDB

3.3　MongoDB 的图形化管理软件——Robo 3T

MongoDB 虽然自带了一个终端环境下的客户端，但是操作起来比较繁琐，数据显示也不够直观。因此需要使用一个图形界面管理软件来提高 MongoDB 数据的可读性。

3.3.1 安装

Robo 3T 是一个跨平台的 MongoDB 管理工具，采用图形界面查询或者修改 MongoDB。

Robo 3T 的下载地址为：https://robomongo.org/download。

> 提示：
> 在下载页面中可以看到另一个叫作 Studio 3T 的软件，它是一个功能更加强大的 MongoDB 图形化管理软件。但它是一个商业软件，需要收费。而 Robo 3T 是开源软件并且免费，它的功能足够应付本书的所有应用场景，因此本书选择使用 Robo 3T。

1．安装 Robo 3T

Robo 3T 的安装没有任何需要特别说明的地方，和安装普通软件一样简单。

- 如果系统是 Windows 与 Linux，则安装完成后就可以使用了。
- 如果系统是 macOS，则安装完成后第一次运行时可能会看到如图 3-13 所示的安全提示。

图 3-13　MacOS 的安全提示

解决这个问题的方法如下：

（1）打开 macOS 的"系统设置"，单击"Security & Privacy"（中文名为"安全和隐私"）图标，如图 3-14 所示。

图 3-14 单击"安全和隐私"图标

（2）在"安全和隐私"设置界面，单击"Open Anyway"（中文名为"仍然运行"）按钮，如图 3-15 所示。

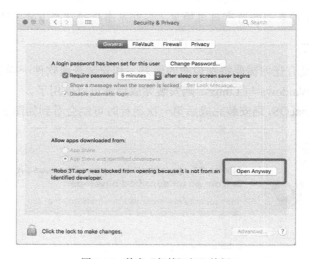

图 3-15 单击"仍然运行"按钮

（3）在弹出的对话框中单击"Open"（中文名为"运行"）按钮即可打开 Robo 3T，如图 3-16 所示。

图 3-16 单击"运行"按钮打开 Robo 3T

（4）第一次成功启动 Robot 3T 时，会看到一个用户协议，如图 3-17 所示。勾选"I agree"

并单击"Next"按钮。

（5）在下一个界面中添加名字公司之类的信息，可以直接忽略，单击"Finish"按钮跳过即可。

图 3-17　用户协议

2．用 Robo 3T 连接 MongoDB

（1）打开 Robo 3T，看到如图 3-18 所示对话框，单击左上角"Create"链接。

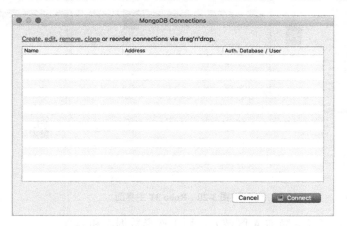

图 3-18　初次运行 RoboMongo 的界面

（2）弹出如图 3-19 所示对话框。如果 MongoDB 就在本地电脑中运行，则只需在"Name"栏中填写一个名字，其他地方不需要修改，然后直接单击"Save"按钮。

图 3-19　在"Name"这一栏填写名字即可

(3) 回到如图 3-18 所示界面，单击"Connect"按钮就可以连接 MongoDB 了。

3.3.2　认识 Robo 3T 的界面

Robo 3T 的主界面如图 3-20 所示。重点关注 A、B、C 三个区域。

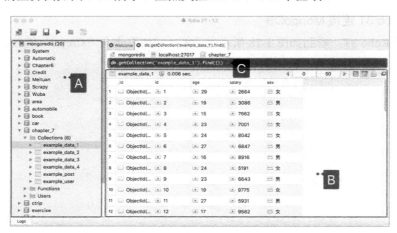

图 3-20　Robo 3T 主界面

- 数据库列表区（后简称 A 区域），用于选择数据库和集合。
- 数据展示区（后简称 B 区域），用于显示数据。
- 命令执行区（后简称 C 区域），用于编写 MongoDB 代码。

在 A 区域中，单击数据库图标左边的箭头，展开数据库；单击"Collections"左边的箭头，展开集合。双击集合的名字，则 B 区域和 C 区域发生相应的变化。

本书主要和 A、B、C 这三个区域打交道。每一个区域的具体功能会在使用时详细介绍。

3.4 MongoDB 的基本操作

增、查、改、删是所有数据库必备的功能。本节将介绍如何使用 MongoDB 来实现这四个功能。

3.4.1 实例 3：创建数据库与集合，写入数据

实例描述

在 Robo 3T 中进行如下操作。

（1）创建一个名为"chapter_3"的数据库，以及其中的多个集合。

（2）往集合里逐条插入数据。

（3）往集合里批量插入数据。

使用 Robo 3T 打开刚刚安装完成的 MongoDB，可以看到 A 区域是空的，还没有数据库，如图 3-21 所示。

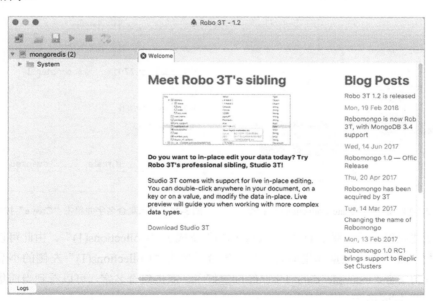

图 3-21　MongoDB 是空的

1. 创建数据库与集合

（1）鼠标右击"小电脑"图标，在弹出的菜单中选择"Create Database"命令，如图 3-22 所示。

（2）在弹出的对话框中输入数据库的名字，单击"Create"按钮完成数据库的创建，如图 3-23 所示。

图 3-22　选择"Create Database"命令

图 3-23　输入数据库名字并单击 Create 按钮

（3）新创建的数据库会出现在 A 区域中。单击数据库左边的小箭头将其展开，然后右击"Collections（0）"文件夹，在弹出的菜单中选择"Create Collection..."命令，如图 3-24 所示。

（4）在弹出的对话框中输入集合的名字，然后单击"Create"按钮（如图 3-25 所示）创建一个集合。

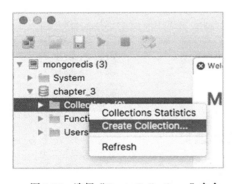
图 3-24　选择"Create Collection..."命令

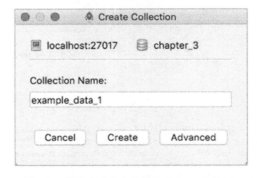
图 3-25　输入集合名字并单击"Create"按钮

（5）创建完集合后，原来的"Collections(0)"变成了"Collections(1)"。由此可以推测：括号里面的数字表示这个数据库里面有多少个集合。单击"Collections(1)"左侧的小箭头将其展开，可以看到集合"example_data_1"已经创建好了。双击集合名字，可以看到当前集合里什么都没有，如图 3-26 所示。

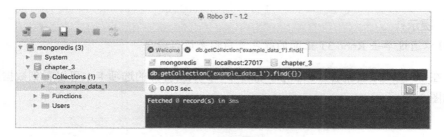

图 3-26　空集合什么都没有

2．插入单条数据

插入单条数据的命令为"insertOne()"。

Robo 3T 自带插入数据的功能。但是本书不准备介绍。本书会直接介绍如何在 C 区域执行 MongoDB 命令插入数据。

（1）创建一条 JSON 字符串。例如：

```
{"name": "张小二", "age": 17, "address": "浙江"}
```

（2）对 C 区域的内容做一些修改。

原来是：

```
db.getCollection('example_data_1').find({})
```

修改为：

```
db.getCollection('example_data_1').insertOne({"name": "张小二", "age": 17, "address": "浙江"})
```

（3）使用 Windows 与 Linux 的读者，可以按键盘上的"Ctrl + R"组合键；使用 macOS 的读者按"Command + R"组合键。运行后的界面如图 3-27 所示。可以看到，一条数据已经插入到了 MongoDB 中。

图 3-27　插入数据

> **提示：**
> 还可以通过单击 Robo 3T 上面的绿色三角形来运行命令。

（4）在 A 区域双击集合"example_data_1"，从新打开的选项卡中可以看到数据已经成功插入，如图 3-28 所示。

图 3-28 数据已经成功插入

被插入的数据就是 JSON 字符串：

{"name": "张小二", "age": 17, "address": "浙江"}

> **提示：**
> JSON 字符串必须使用双引号，不过这个规定在 MongoDB 中并非强制性的，用单引号也没有问题。例如，在 C 区域执行以下命令：
> db.getCollection('example_data_1').insertOne({'name': '王小六', 'age': 25, 'work': '厨师'})
> 插入以后，集合"example_data_1"中的数据如图 3-29 所示。

图 3-29 插入第二条数据

如果将 Python 的字典直接复制到 MongoDB 的 insertOne 命令中，则绝大部分情况下这些字典都可以直接使用，只有极少数情况下需要做一些修改。3.4 节将会讲到这些少数情况。

提示：

MongoDB 还允许 Key 不带引号，直接写成{name: '王小六', age: 25, work: '厨师'}。但这种写法存在一些局限性，并且会导致 MongoDB 的命令不方便平滑移植到 Python 中。因此，建议读者一律使用带单引号的写法或者带双引号的写法。

3．调整插入的字段

（1）任意修改、添加、删除字段。

在图 3-29 中，第 1 条数据没有"work"这个字段，第 2 条数据没有"address"这个字段。这就说明：在 MongoDB 里，插入数据的字段是可以任意修改、添加、删除的。

例如，再插入一条新的数据：

```
db.getCollection('example_data_1').insertOne({'hello': 'world', 'sex': '男', '职位': '工程师'})
```

这一次所有的字段都和前两条数据不一样，但 MongoDB 仍然可以轻松处理——遇到新来的字段，加上去就是了，没什么大不了的，如图 3-30 所示。

图 3-30　遇到新的字段，MongoDB 会自动添加上去

（2）插入同一个字段，但格式却不同。

即使是同一个字段，其数据格式也可以不一样。

例如，再插入一条数据：

```
db.getCollection('example_data_1').insertOne({'name': 18030, 'age': '十岁', 'address': 3.5})
```

添加后的数据如图 3-31 所示。

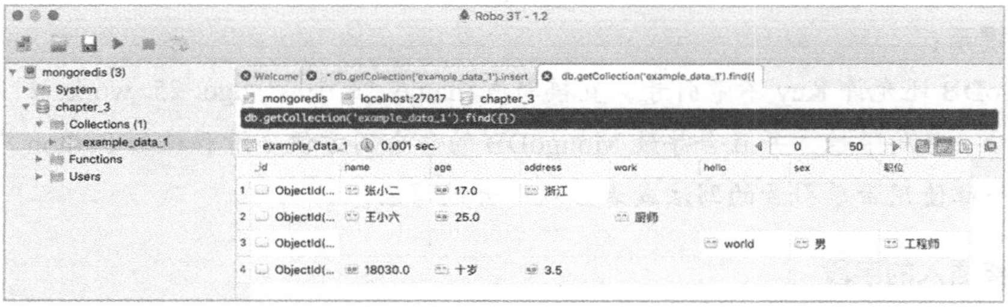

图 3-31 同一个字段的数据格式也可以不一样

> **提示:**
> "能不能做"是一回事,"应不应该做"是另一回事。虽然 MongoDB 能够处理同一个字段的不同数据类型,也可以随意增减字段,但并不意味着应该这样做。
> 　　在设计数据库时,应尽量保证同一个字段使用同一种类型的数据,并提前考虑好应该有哪些字段。

3. 批量插入数据

批量插入数据的命令是"insertMany"。现在把一个包含很多个字典的列表传给"insertMany"。列表为:

```
data_list = [
    {'name': '朱小三', 'age': 20, 'address': '北京'},
    {'name': '刘小四', 'age': 21, 'address': '上海'},
    {'name': '马小五', 'age': 22, 'address': '山东'},
    {'name': '夏侯小七', 'age': 23, 'address': '河北'},
    {'name': '公孙小八', 'age': 24, 'address': '广州'},
    {'name': '慕容小九', 'age': 25, 'address': '杭州'},
    {'name': '欧阳小十', 'age': 26, 'address': '深圳'}
]
```

对应的 MongoDB 批量插入语句为:

```
db.getCollection('example_data_1').insertMany([
    {'name': '朱小三', 'age': 20, 'address': '北京'},
    {'name': '刘小四', 'age': 21, 'address': '上海'},
    {'name': '马小五', 'age': 22, 'address': '山东'},
    {'name': '夏侯小七', 'age': 23, 'address': '河北'},
    {'name': '公孙小八', 'age': 24, 'address': '广州'},
    {'name': '慕容小九', 'age': 25, 'address': '杭州'},
    {'name': '欧阳小十', 'age': 26, 'address': '深圳'}
])
```

运行后返回的数据如图 3-32 所示。

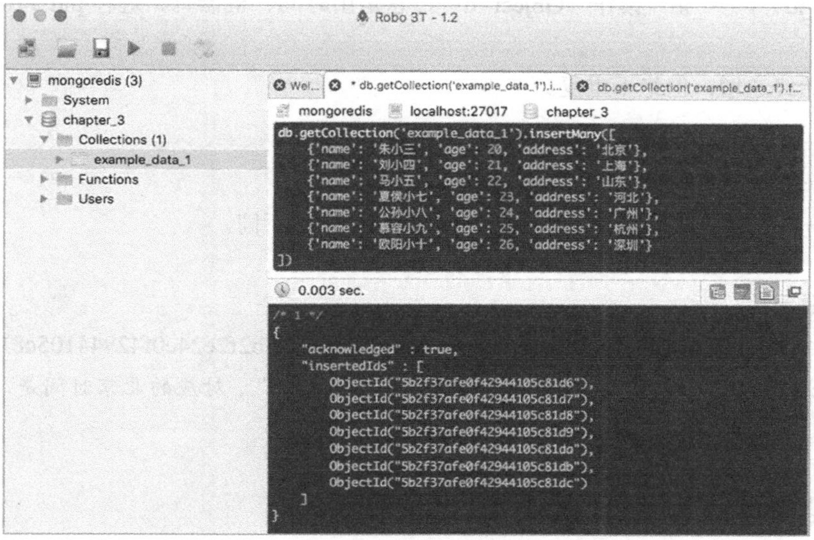

图 3-32　批量插入数据

提示：

可以通过换行和缩进让代码更美观、易读。换行和缩进不影响代码功能。

运行以后的集合数据如图 3-33 所示。

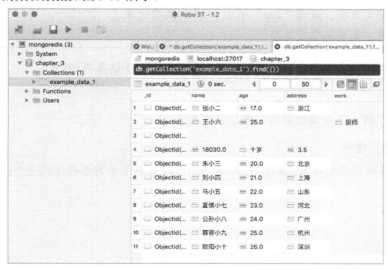

图 3-33　插入数据以后的集合

无论是插入一条数据还是插入多条数据，每一条数据被插入 MongoDB 后都会被自动添加一个字段"_id"。"_id"读作"Object Id"，它是由时间、机器码、进程 pid 和自增计数器构成的。

"_id"始终递增，但绝不重复。

- 同一时间，不同机器上面的"_id"不同。
- 同一机器，不同时间的"_id"也不同。
- 同一机器同一时间批量插入的数据，"_id"依然不同。

> **提示：**
> _id 的前 8 位字符转换为十进制就是时间戳。例如"5b2f2e24e0f42944105c81d2"，前 8 位字符"5b2f2e24"转换为十进制就是时间戳"1529818660"，对应的北京时间是"2018-06-24 13:37:40"。

3.4.2 实例 4：查询数据

实例描述

对数据集 example_data_1 进行如下查询：

（1）查询所有数据。
（2）查询特定数据：查询"age"为 25 岁的员工。
（3）查询特定数据：查询"age"不小于 25 的所有记录。
（4）限定返回的数据字段类型。

在 Robo 3T 中双击集合名字，实际上是自动执行了以下这条查询语句：

```
db.getCollection('example_data_1').find({})
```

下面先来了解一下查询结果的三种显示模式。

1. 三种显示模式

Robo 3T 显示出来的查询结果如图 3-34 所示。注意右上角方框框住的三个图标。

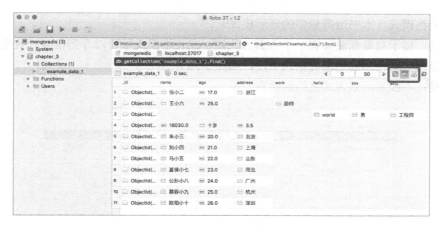

图 3-34　查询并返回所有数据

Robo 3T 对于返回的数据有三种组织方式，从左到右分别是："树形模式（Tree Mode）""表格模式（Table Mode）和"文本模式（Text Mode）"。

 提示：

这三种显示模式是 Robo 3T 提供的，不是 MongoDB 的功能。

（1）树形模式。

优点是：可以直观地看到每一条记录有哪些字段，每一个字段是什么内容和什么格式，如图 3-35 所示。

弊端是：每次都要单击每一条记录左边的三角形，非常麻烦。

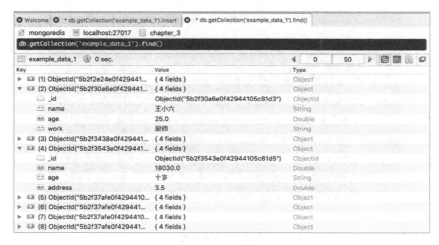

图 3-35　树形模式

(2)表格模式(本书用得最多的显示模式)。

优点是:便于对数据整体有一个全面的认识。在表格模式里可以看到很多行数据,便于观察数据的全貌、对比不同记录的相同字段,如图 3-36 所示。

弊端是:不能显示嵌入式文档的内容。

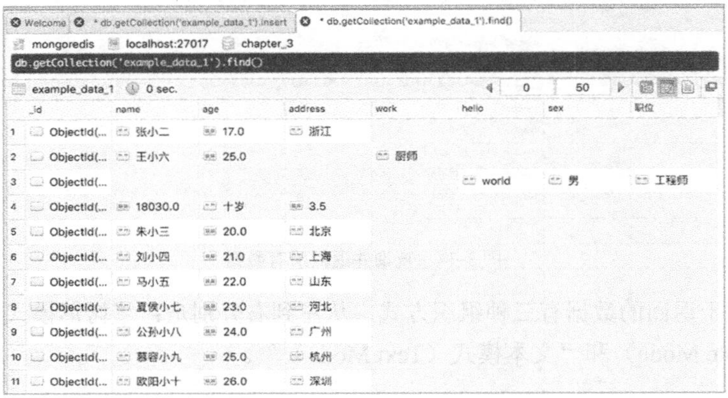

图 3-36 表格模式

(3)文本模式(如图 3-37 所示)。

优点是:便于对数据进行复制/粘贴,便于对特殊格式数据进行深入认识。

弊端是:一屏只能显示少量内容,要反复拖动滚动条才能完整看完数据;不方便不同记录之间进行对比。

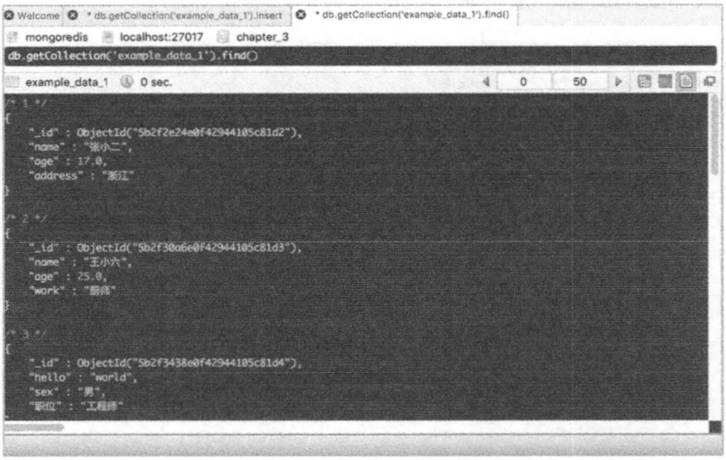

图 3-37 文本模式

2. 查询固定值数据

（1）查询所有数据。

如要查询所有数据值，则直接使用下面两种写法的任意一种即可：

```
db.getCollection('example_data_1').find()
```

或

```
db.getCollection('example_data_1').find({})
```

（2）查询特定数据。

如要查询某个或者某些具体字段，则可以使用下面的语法来查询。如果有多个字段，则这些字段需要同时满足。

```
db.getCollection('example_data_1').find({'字段1': '值1', '字段2': '值2'})
```

例如，对于数据集 example_data_1，要查询所有"age"字段为 25 的记录。则查询语句可以写为：

```
db.getCollection('example_data_1').find({'age': 25})
```

查询结果如图 3-38 所示。

图 3-38　查询所有"age"为 25 的记录

由于"age"为 25 的记录有两条，于是需要进一步缩小查询范围——再增加一个限制条件：

```
db.getCollection('example_data_1').find({'age': 25, 'name': '慕容小九'})
```

运行结果如图 3-39 所示。

总结一下，"find"的参数相当于一个字典。字典的 Key 就是字段名，字典的值就是要查询的值。如果字典有多个 Key，则这些字段需同时满足。

图 3-39 多个查询条件同时满足

3. 查询范围值数据

如要查询的字段值能够比较大小,则查询时可以限定值的范围。例如,对数据集 example_data_1,要查询所有"age"字段不小于 25 的记录,则需要使用大于等于操作符"$gte"。查询语句如下:

```
db.getCollection('example_data_1').find({'age': {'$gte': 25}})
```

运行效果如图 3-40 所示。

图 3-40 查询范围数据

查询某个范围的数据会用到的操作符见表 3-2。

表 3-2 范围操作符及其意义

操作符	意　　义
$gt	大于(Great Than)
$gte	大于等于(Great Than and Equal)
$lt	小于(Less Than)
$lte	小于等于(Less Than and Equal)
$ne	不等于(Not Equal)

使用范围操作符的查询语句格式如下：

```
db.getCollection('example_data_1').find({'age': {'操作符 1': 边界 1, '操作符 2': 边界 2}})
```

可以看出，在使用范围操作符后，原本填写被查询值的地方现在又变成了一个字典。这个字典的 Key 是各个范围操作符，而它们的值是各个范围的边界值。

【举例 1】查询所有 "age" 大于 21 并小于等于 24 的数据。

查询语句如下：

```
db.getCollection('example_data_1').find({'age': {'$lt': 25, '$gt': 21}})
```

运行效果如图 3-41 所示。

图 3-41　"age" 大于 21 并且小于等于 24 的所有记录

【举例 2】查询所有 "age" 大于 21 并小于等于 24 的数据，且 "name" 不为 "夏侯小七" 的记录，见代码 3-5。

代码 3-5　查询 "age" 大于 21 并小于等于 24，且 "name" 不为 "夏侯小七" 的数据

```
db.getCollection('example_data_1').find({
    'age': {
       '$lt': 25,
       '$gt': 21,
       },
'name': {'$ne': '夏侯小七'}})
```

运行效果如图 3-42 所示。

图 3-42　查询的结果

4. 限定返回哪些字段

"find"命令可以接收两个参数：第 1 个参数用于过滤不同的记录，第 2 个参数用于修改返回的字段。如果省略第 2 个参数，则 MongoDB 会返回所有的字段。

如要限定字段，则查询语句的格式如下：

```
db.getCollection('example_data_1').find(用于过滤记录的字典, 用于限定字段的字典)
```

其中，用于限定字段的字典的 Key 为各个字段名。其值只有两个——0 或 1。

- 如果值为 0，则表示在全部字段中剔除值为 0 的这些字段并返回。
- 如果值为 1，则表示只返回值为 1 的这些字段。

例如，查询数据集 example_data_1，但不返回"address"和"age"字段。查询语句如下：

```
db.getCollection('example_data_1').find({}, {'address': 0, 'age': 0})
```

运行结果为如图 3-43 所示。

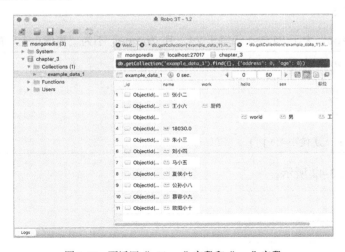

图 3-43　不返回"address"字段和"age"字段

再例如，要求只返回 name 字段和 age 字段，则查询语句如下：

```
db.getCollection('example_data_1').find({}, {'name': 1, 'age': 1})
```

运行效果如图 3-44 所示。

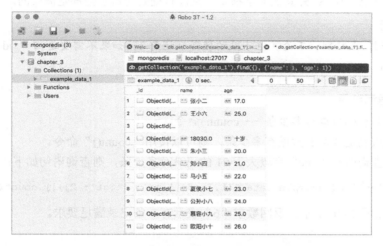

图 3-44　只返回 "name" 和 "age" 字段

读者可能已经发现，不论是选择"只返回某些字段"还是"不返回某些字段"，结果里始终有"_id"。这是因为，"_id"比较特殊，它是默认要返回的，除非明确说明不需要它。即，如果不想要"_id"，则必须在限定字段的字典中把"_id"字段的值设为 0，如图 3-45 所示。

图 3-45　明确申明不需要 "_id"

如果不考虑"_id",则限定字段的字典里面的值只可能全都是 0 或全都是 1,不可能 1 和 0 混用,一旦混用则 MongoDB 就会报错。这从逻辑上很好理解:

(1)如果只要 A、B、C,则没有提到的自然都是不需要的。
(2)如果除 A、B、C 外其他的全都要,则没有提到的自然全都是需要的。

 提示:

只有"_id"很特别,不论其他字段的值是 0 还是 1,如果不需要返回"_id",则需要把它的值设为 0。

5. 修饰返回结果

(1)满足要求的数据有多少条——count()命令。

如果想知道满足要求的数据有多少条,则可以使用"count()"命令。

例如,要查询所有"age"字段大于 21 的记录有多少条,则查询语句如下:

```
db.getCollection('example_data_1').find({'age': {'$gt': 21}}).count()
```

运行结果如图 3-46 所示。返回数字"6"表示有 6 条记录满足要求。

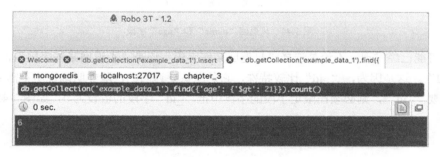

图 3-46　查询结果条数

(2)限定返回结果——"limit()"命令。

如果查询的结果非常多,则可能需要限定返回结果。此时就需要使用"limit()"命令。它的用法如下:

```
db.getCollection('example_data_1').find().limit(限制返回的条数)
```

- 如果限制返回的条数为一个数字,则表示最多返回这么多条记录。如果超过限定条数,则只返回限定的条数。
- 如果不足限定的条数,则有多少就返回多少。

例如,对于数据集 example_data_1,限制只返回 4 条数据。

具体命令如下:

```
db.getCollection('example_data_1').find().limit(4)
```

运行效果如图 3-47 所示。

图 3-47　最多返回 4 条记录

（3）对查询结果进行排序——"sort()"命令。

有时也需要对查询结果进行排序，此时需要使用"sort()"命令。使用方法如下：

```
db.getCollection('example_data_1').find({'age': {'$gt': 21}}).sort({'字段名': -1 或 1})
```

其中，字段的值为-1 表示倒序，为 1 表示正序。

例如，对所有"age"大于 21 的数据，按"age"进行倒序排列。查询语句如下：

```
db.getCollection('example_data_1').find({'age': {'$gt': 21}}).sort({'age': -1})
```

运行结果如图 3-48 所示。

图 3-48　将查询结果倒序排列

3.4.3 实例5：修改数据

实例描述

数据集 example_data_1，"name"为"王小六"的这个记录是没有"address"字段的。现在需要为它增加这个字段，同时把"work"从"厨师"改为"工程师"。

（1）更新集合中的单条数据。

（2）批量更新同一个集合中的多条数据。

修改操作也就是更新（Update）操作，对应的 MongoDB 命令为"updateOne()"和"updateMany()"。

这两个命令只有以下区别，它们的参数完全一致。

- updateOne：只更新第1条满足要求的数据。
- updateMany：更新所有满足要求的数据。

下面以"updateMany"为例来介绍更新记录的操作。

1．更新操作的语法

更新操作的语法如下：

```
db.getCollection('example_data_1').updateMany(
    参数1：查询语句的第一个字典,
    {'$set': {'字段1': '新的值1', '字段2': '新的值2'}}
)
```

updateMany 的第1个参数和"find"的第1个参数完全一样，也是一个字典，用来寻找所有需要被更新的记录。

第2个参数是一个字典，它的 Key 为"$set"，它的值为另一个字典。这个字典里面是需要被修改的字段名和新的值。

2．举例

修改"name"为"王小六"的文档，添加"address"字段，并把"work"字段从"厨师"改为"工程师"。更新语句见代码3-6。

代码3-6　修改 name 为"王小六"的文档

```
db.getCollection('example_data_1').updateMany(
    {'name': '王小六'},
    {'$set': {'address': '苏州', 'work': '工程师'}}
)
```

运行效果如图 3-49 所示。

图 3-49 更新字段信息

再次查看数据集，发现"王小六"的信息已经发生了变化，如图 3-50 所示。

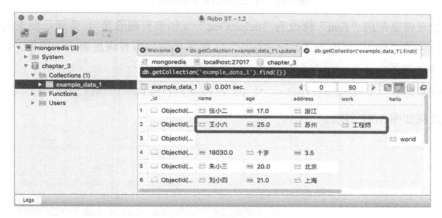

图 3-50 数据发生了变化

3.4.4 实例 6：删除数据

实例描述

例如，要从数据集 example_data_1 中删除字段"hello"值为"world"的这一条记录。

（1）从集合中删除单条数据。

（2）从集合中批量删除多条数据。

只要会查询数据，就会删除数据。为了防止误删数据，一般的做法是先查询要删除的数据，然后再将查出的数据删除。

（1）查询字段"hello"中值为"world"的这一条记录。

具体如下：

```
db.getCollection('example_data_1').find({'hello': 'world'})
```

运行效果如图 3-51 所示。

图 3-51　首先查询出需要删除的记录

（2）把查询语句的"find"修改为"deleteOne"（如果只删除第 1 条满足要求的数据），或把查询语句的"find"修改为"deleteMany"（如果要删除所有满足要求的数据）。

具体命令如下：

```
db.getCollection('example_data_1').deleteMany({'hello': 'world'})
```

运行效果如图 3-52 所示。

图 3-52　删除数据

（3）在返回的数据中，"acknowledged"为"true"表示删除成功，"deletedCount"表示一共删除了 1 条数据。

（4）再次查询 example_data_1，发现已经找不到被删除的数据了，如图 3-53 所示。

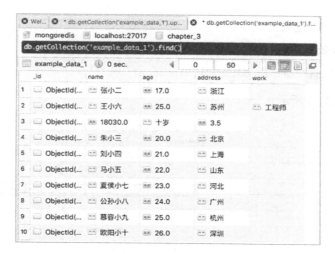

图 3-53　已经找不到被删除的数据了

> **提示：**
>
> 慎用删除功能。一般工程上会使用"假删除"，即：在文档里面增加一个字段"deleted"，如果值为 0 则表示没有删除，如果值为 1 则表示已经被删除了。
>
> 默认情况下，deleted 字段的值都是 0，如需要执行删除操作，则把这个字段的值更新为 1。而查询数据时，只查询 deleted 为 0 的数据。这样就实现了和删除一样的效果，即使误操作了也可以轻易恢复。

3.4.5　实例 7：数据去重

实例描述

在数据集 example_data_1 中，进行以下两个去重操作。

（1）对"age"字段去重。

（2）查询所有"age"大于等于 24 的数据，再对"age"进行去重。

去重操作用到的命令为"distinct()"。格式如下：

```
db.getCollection('example_data_1').distinct('字段名', 查询语句的第一个字典)
```

distinct()可以接收两个参数：

- 第 1 个参数为字段名，表示对哪一个字段进行去重。
- 第 2 个参数就是查询命令"find()"的第 1 个参数。distinct 命令的第 2 个参数可以省略。

1. 对 "age" 字段去重

对 "age" 字段去重的语句如下：

```
db.getCollection('example_data_1').distinct('age')
```

运行效果如图 3-54 所示。

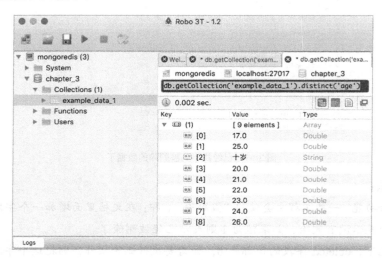

图 3-54 对 "age" 字段去重

在 MongoDB 中返回的数据是一个数组，里面是去重以后的值。

2. 对满足特定条件的数据去重

首先查询所有 "age" 大于等于 24 的数据，然后对 "age" 进行去重。具体语句见代码 3-7。

代码 3-7 对 "age" 大于等于 24 的记录的 "age" 字段去重

```
db.getCollection('example_data_1').distinct(
    'age',
    {'age': {'$gte': 24}}
)
```

运行结果如图 3-55 所示。

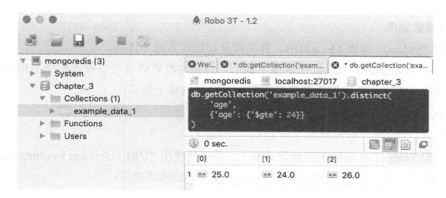

图 3-55　先筛选再去重

也许有读者会问，能否去重以后再带上其他字段呢？答案是，用"distinct()"命令不能实现。要实现这个功能，需要学习第 7 章的内容。

3.5　使用 Python 操作 MongoDB

在工程中，一般都需要一种编程语言来操作数据库。使用 Python 来操作数据库有着天然的优势，因为 Python 的字典和 MongoDB 的文档几乎是一样的格式。

3.5.1　连接数据库

1. 安装 PyMongo

使用 Python 操作 MongoDB 需要使用一个第三方库——PyMongo。安装这个库与安装 Python 其他的第三方库一样，使用 pip 安装即可：

```
python3 -m pip install pymongo
```

安装完成以后，打开 Python 交互环境，导入 PyMongo。如果不报错（如图 3-56 所示），则表示安装成功。

图 3-56　不报错表示安装成功

2. 连接数据库

要使用 PyMongo 操作 MongoDB，首先需要初始化数据库连接。

（1）如果 MongoDB 就运行在本地电脑上，而且也没有修改端口或者添加用户名和密码，则初始化 MongoClient 的实例不需要带参数，直接写为以下格式：

```
from pymongo import MongoClient
client = MongoClient()
```

（2）如果 MongoDB 运行在其他服务器上，则需要使用"URI（Uniform Resource Identifier，统一资源标志符）"来指定链接地址。MongoDB URI 的格式如下：

```
mongodb://用户名:密码@服务器IP或域名:端口
```

例如：

```
from pymongo import MongoClient
client = MongoClient('mongodb://kingname:12345@45.76.110.210:27019')
```

（3）如果没有设置权限验证，则不需要用户名和密码，可以写为：

```
from pymongo import MongoClient
client = MongoClient('mongodb://45.76.110.210:27019')
```

本章使用不设置密码、不改端口、本地运行的 MongoDB。

3. 连接库与集合

PyMongo 连接库与集合有两种方式。

- 方式 1，见代码 3-8。

代码 3-8　连接数据库与集合的方法 1

```
from pymongo import MongoClient
client = MongoClient()
database= client.数据库名
collection = database.集合名
```

需要注意，在使用这种方式时，代码中的"数据库名"和"集合名"都不是变量名，它们直接就是库的名字和集合的名字。例如，要连接上 example_data_1 所在的集合，则 Python 代码如下：

```
from pymongo import MongoClient
client = MongoClient()
database= client.chapter_3
collection = database.example_data_1
```

- 方式 2，见代码 3-9。

代码 3-9　连接数据库与集合方法 2

```
from pymongo import MongoClient

db_name = 'chapter_3'
collection_name = 'example_data_1'
client = MongoClient()
database = client[db_name]
collection = db1[collection_name]
```

在使用这种方式时，在方括号中可以直接填变量来指定库名和集合名。当然，也可以直接填字符串，例如：

```
database = client['chapter_3']
collection = client['example_data_1']
```

方式 1 和方式 2 效果是完全相同的。读者可以任意选择一种自己喜欢的方式。

方式 2 主要用在需要批量操作数据库的情况下。例如在工程中，有时有多个测试环境，现在需要同时更新这些环境对应的数据库，则可以使用方式 2。因为，这样可以将多个数据库的名字或者是多个集合的名字保存在列表中，然后再使用循环来进行操作，见代码 3-10。

代码 3-10　使用循环连接多个集合

```
01  database_name_list = ['develop_env_alpha', 'develop_env_beta,
    'develop_env_preflight']
02  for each_db in database_name_list:
03      database = client[each_db]
04      collection = database.account
05      collection.updateMany(.....)
```

其中第 3 行代码，在循环里面每次连接不同的库。这样写可以同时更新多个数据库的信息。对于同一个数据库里面的多个集合，也可以使用这个方法来操作。

3.5.2　MongoDB 命令在 Python 中的对应方法

在获取到集合连接对象 collection 后，就可以用这个对象的各个方法来操作 MongoDB 了。

虽然 MongoDB 的命令和 collection 的方法名在写法上有微小的差异，但绝大多数的 MongoDB 语句的参数直接复制到 Python 代码中都可以使用。

MongoDB 的命令使用的是驼峰命名法，而 PyMongo 使用的是"小写字母加下划线"的方式。它们的对比见表 3-3。

表 3-3 MongoDB 命令与 PyMongo 方法对照表

MongoDB 命令	PyMongo 方法
insertOne	insert_one
insertMany	insert_many
find	find
updateOne	update_one
updateMany	update_many
deleteOne	delete_one
deleteMany	delete_many

例如，Robo 3T 执行的批量插入语句见代码 3-11。

代码 3-11　在 Robo 3T 中批量插入数据

```
db.getCollection('example_data_1').insertMany([
    {'name': '朱小三', 'age': 20, 'address': '北京'},
    {'name': '刘小四', 'age': 21, 'address': '上海'},
    {'name': '马小五', 'age': 22, 'address': '山东'},
    {'name': '夏侯小七', 'age': 23, 'address': '河北'},
    {'name': '公孙小八', 'age': 24, 'address': '广州'},
    {'name': '慕容小九', 'age': 25, 'address': '杭州'},
    {'name': '欧阳小十', 'age': 26, 'address': '深圳'}
])
```

对应到 Python 中，见代码 3-12。

代码 3-12　使用 Python 批量插入数据

```
01  from pymongo import MongoClient
02  client = MongoClient()
03  database= client.chapter_3
04  collection = database.example_data_2
05  collection.insert_many([
06      {'name': '朱小三', 'age': 20, 'address': '北京'},
07      {'name': '刘小四', 'age': 21, 'address': '上海'},
08      {'name': '马小五', 'age': 22, 'address': '山东'},
09      {'name': '夏侯小七', 'age': 23, 'address': '河北'},
10      {'name': '公孙小八', 'age': 24, 'address': '广州'},
11      {'name': '慕容小九', 'age': 25, 'address': '杭州'},
12      {'name': '欧阳小十', 'age': 26, 'address': '深圳'}
13  ])
```

其中，第 4 行代码中使用了新的集合名字，用以区别。

使用 Python 操作 MongoDB 还有一个好处：如果当前使用的库或者集合不存在，则在调用了插入方法以后，PyMongo 会自动创建对应的库或集合。

总之，绝大部分的操作，直接从 Robo 3T 中复制到 Python 中都可以运行，几乎不需要修改。

3.5.3 实例 8：插入数据到 MongoDB

实例描述

在 Python 中，将字典{'name': '王小六', 'age': 25, 'work': '厨师'}插入到 MongoDB 中。

具体命令如下：

```
collection.insert_one({'name': '王小六', 'age': 25, 'work': '厨师'})
```

 提示：

PyMongo 还有一个通用方法——collection.insert()。

- 如果传入的是一个字典，则 collection.insert()相当于 insert_one。
- 如果传入的是一个包含字典的集合，则 collection.insert()相当于 insert_many。

但是 PyMongo 开发者准备移除它，因此不推荐读者在正式环境中使用这个方法。

3.5.4 实例 9：从 MongoDB 中查询数据

实例描述

在 Python 中，从 MongoDB 中查询所有"age"大于 21 小于 25，并且"name"不等于"夏侯小七"的记录。

具体见代码 3-13。

代码 3-13 在 Python 中查询所有"age"大于 21 小于 25，并且"name"不等于"夏侯小七"的记录

```
collection = database.example_data_1
    rows = collection.find({'age': {'$lt': 25, '$gt': 21},
                            'name': {'$ne': '夏侯小七'}})
    for row in rows:
        print(row)
```

运行效果如图 3-57 所示。

图 3-57　使用 Python 查询 MongoDB

3.5.5　实例 10：更新/删除 MongoDB 中的数据

实例描述

在 Python 中更新数据和删除数据：

（1）对于"name"为"公孙小八"的记录，将"age"更新为 80，将"address"更新为"美国"。

（2）删除"age"为 0 的数据。

1．更新 MongoDB 中的数据

在 Python 中，可以使用 udate_many 方法来批量更新数据，见代码 3-14。

代码 3-14　在 Python 中更新多条数据

```
collection.update_many(
   {'name': '公孙小八'},
   {'$set': {'address': '美国', 'age': 80}}
)
```

更新操作还支持一个"upsert"参数。该参数的作用是：如果数据存在，则更新；如果数据不存在，则创建。

例如，对于"name"为"隐身人"的记录，将"age"改为 0，将"address"改为"里世界"。

由于 example_data_1 中没有这一条记录，因此直接更新会报错，如图 3-58 所示。

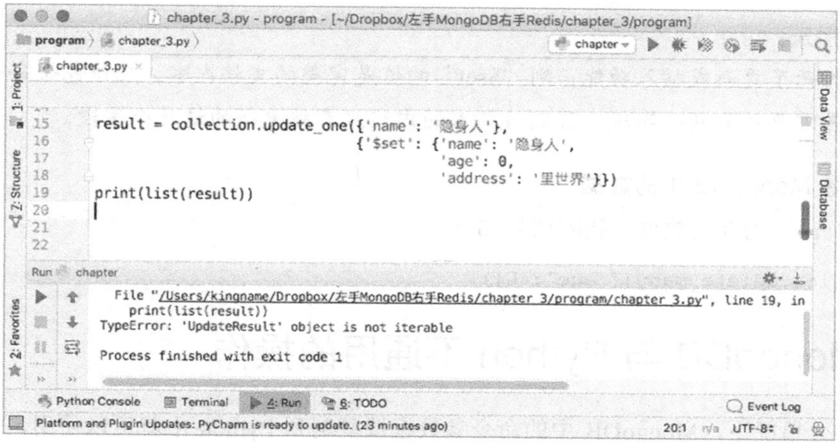

图 3-58 直接更新不存在的记录会导致报错

加上"upsert"参数，见代码 3-15。

代码 3-15　在 Python 中更新或者插入一条数据

```
collection.update_one({'name': '隐身人'},
                      {'$set': {'name': '隐身人',
                                'age': 0,
                                'address': '里世界'}},
                      upsert=True)
```

运行效果如图 3-59 所示。

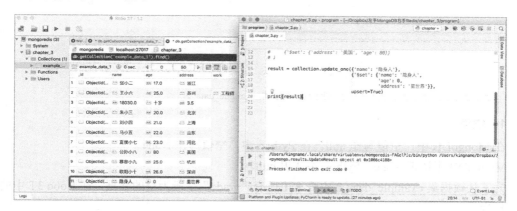

图 3-59　运行效果

> **提示：**
> 如果打开了更新或插入功能，则"$set"的值是完整的文档内容，应该包含每一个字段，而不仅仅是需要被更新的字段，否则被插入的内容只有被更新的这几个字段。

2．删除 MongoDB 中的数据

删除"age"为 0 的数据。删除语句如下：

```
collection.delete_many({'age': 0})
```

3.6　MongoDB 与 Python 不通用的操作

绝大部分情况下，MongoDB 中的命令参数直接复制到 Python 中就可以使用，但有一些情况例外。假设数据集 example_data_2 如图 3-60 所示。

图 3-60　数据集 example_data_2

1．空值

在 MongoDB 中，空值写作 null。在 Python 中，空值写作 None。

MongoDB 不认识 None，Python 不认识 null。

为了从数据集 example_data_2 中查询出所有"grade"字段为空的数据，在 Robo 3T 中的查询语句为：

```
db.getCollection('example_data_2').find({'grade': null})
```

运行效果如图 3-61 所示。

图 3-61 查询 grade 为 null 的数据

如果直接把这段查询语句中的参数搬到 Python 中运行，则会导致报错，如图 3-62 所示。

图 3-62 Python 不认识 null

Python 会把 null 当作一个普通的变量，但是这个变量又没有定义，所以导致报错。

在 Python 中，要查询空值需要使用 None。对上述代码做一些修改——把"null"改为"None"，则查询成功，如图 3-63 所示。

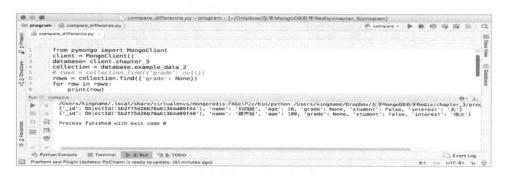

图 3-63 使用 None 作为空值查询成功

2．布尔值

布尔值就是"真"和"假"两个值。

在 MongoDB 中，"真"为 true，"假"为 false，首字母小写；在 Python 中，"真"为 True，"假"为 False，首字母大写。

在 MongoDB 中，查询所有 student 为 true 的记录，如图 3-64 所示。

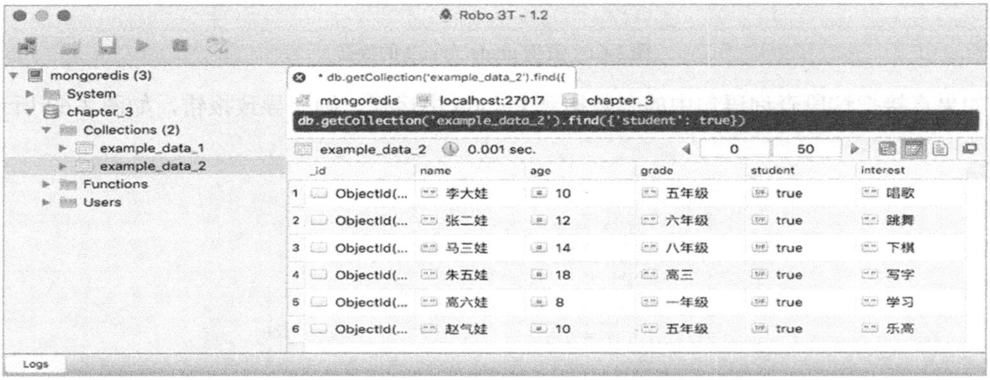

图 3-64　查询 student 字段为 true 的数据

如果把这段查询语句的参数直接复制到 Python 中，同样也会导致报错，因为 Python 会把 true 当作一个普通的变量，如图 3-65 所示。

图 3-65　Python 不认识 true

把 true 改为 True，则查询成功，如图 3-66 所示。

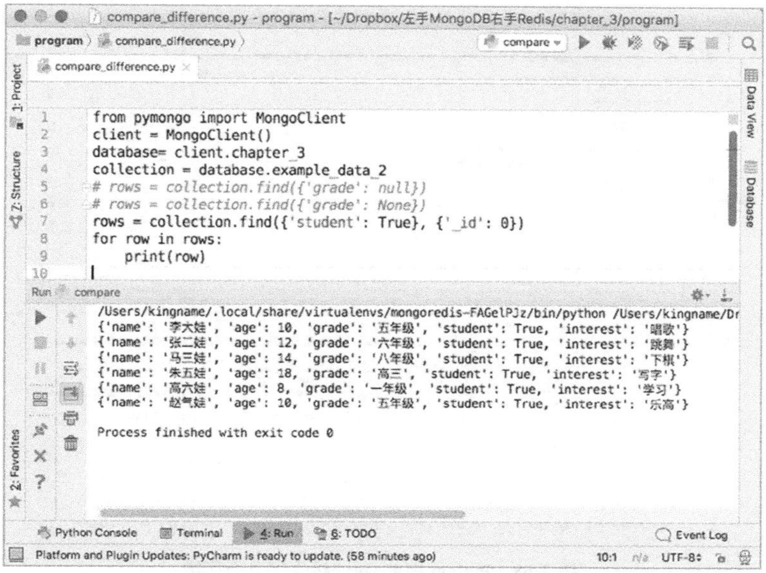

图 3-66　把 true 改为 True 查询成功

3. 排序参数

对查询到的结果进行排序是一个常见操作。在 MongoDB 中，sort()命令接收一个参数，这个参数是一个字典，Key 是被排序的字段名，值为 1 或者−1。

对于数据集 example_data_2，在 Robo 3T 中对"age"字段进行倒序排列，如图 3-67 所示。

图 3-67　对 age 倒序排序

但在 Python 中，查询结果的 sort()方法如果使用 MongoDB 的写法则会报错，如图 3-68 所示。

图 3-68　Python 中的 sort()接收字典会报错

在 Python 中，sort()方法接收两个参数：第 1 个参数为字段名，第 2 个参数为-1 或者 1。写成如图 3-69 所示样子就能够正常运行。

图 3-69　Python 的 sort()接收两个参数

4. 查询_id

在 Robo 3T 中,可以根据_id 的值来查询文档。此时查询语句如下:

```
db.getCollection('example_data_2').find({'_id': ObjectId('5b2f75d26b78a61364d09f45')})
```

运行效果如图 3-70 所示。

图 3-70　根据_id 查询数据

在安装 PyMongo 的同时,Python 会自动安装一个叫作 "bson" 的第三方库。ObjectId 这个类需要从 bson 库中导入,具体命令如下:

```
from bson import ObjectId
collection.find({'_id': ObjectId('5b2f75d26b78a61364d09f45')})
```

运行效果如图 3-71 所示。

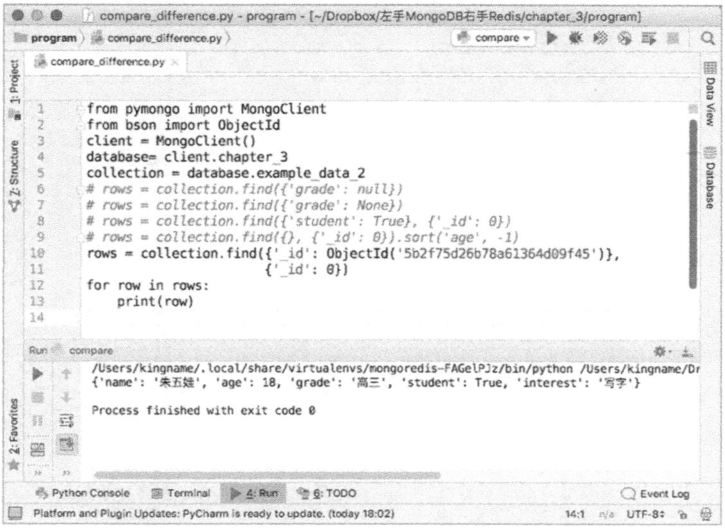

图 3-71　从 bson 库导入 ObjectId 类

本章小结

本章首先介绍了 MongoDB 的安装,然后介绍了 MongoDB 的图形化操作软件 Robo 3T。通过 Robo 3T 的命令输入窗口输入命令,可实现对 MongoDB 数据库的增、删、改、查操作。

MongoDB 的大部分操作都可以平滑移植到 Python 中。因此,大多数情况下,直接把 Robo 3T 中的 MongoDB 操作语句复制到 Python 中就能使用。当然,有很小一部分情况例外。

第 4 章

实例11：用MongoDB开发员工信息管理系统

为了巩固第 3 章所学的 MongoDB 增加、删除、修改、查找功能，本章将带领读者制作一个简易的员工管理系统。

4.1 了解实例最终目标

本实例的最终结果会以网页形式呈现，读者只需要完成整个系统中关于 MongoDB 操作这部分代码的开发即可。

实例描述

本实例完成以后，将会得到一个人员信息管理网页，如图 4-1 所示。

在页面的末尾可以看到用于新增数据的"添加人员"按钮，如图 4-2 所示。通过这个网页，可以查看当前的所有人员信息，可以增加、修改、删除人员信息。

图 4-1 实例运行效果

图 4-2 "添加人员"按钮在页面最下方

1．添加信息

（1）在图 4-2 中单击"添加人员"按钮，打开"添加信息"对话框。

（2）在"添加信息"对话框中输入相应的信息，则信息会被添加到 MongoDB 中，同时也出现在网页中，如图 4-3 和图 4-4 所示。

图 4-3 添加新的人员信息

图 4-4 人员信息被添加

2. 编辑信息

（1）单击图 4-4 中每条信息后面的"编辑"按钮，会打开"编辑信息"对话框，如图 4-5 所示。"编辑信息"对话框中已经自动填入了当前人员的信息，除"工号"与"年龄"外，其他信息都可以修改。其中，年龄会通过修改"出生年月日"而自动修改。

图 4-5　"编辑信息"对话框

（2）修改一项或多项以后，单击"更新"按钮更新本条数据。运结效果如图 4-6 和图 4-7 所示。

图 4-6　修改部分信息

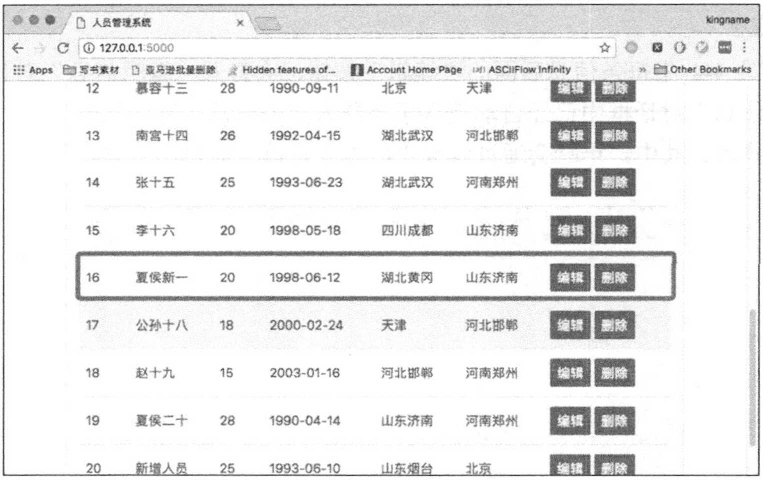

图 4-7　信息列表发生相应变化

3. 删除信息

单击每一条信息后面的"删除"按钮，则可以将当前信息删除，如图 4-8 所示。

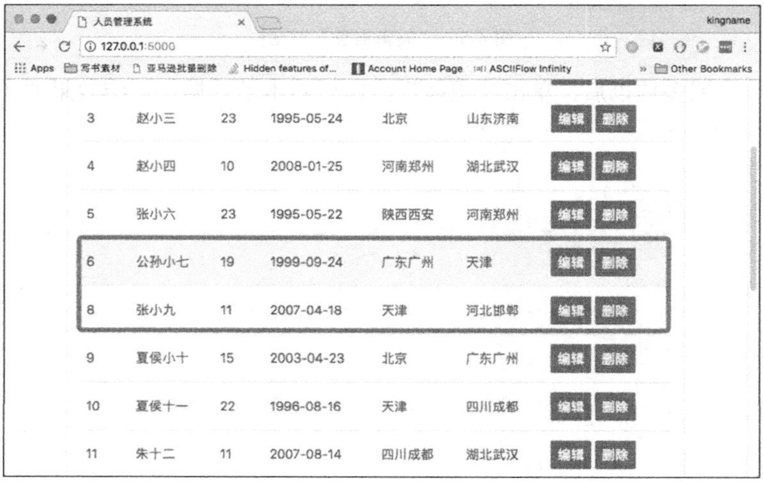

图 4-8　工号 6 与工号 8 之间已经没有工号 7 的信息了

工号一旦被自动生成就固定不变，不会因为删除某个人的信息而导致后面人的工号发生改变。

4.2 准备工作

4.2.1 了解文件结构

项目的初始文件结构如下：

```
.
├── Pipfile
├── Pipfile.lock
├── answer
│   └── DataBaseManager.py
├── bin
│   └── generate_data.py
├── main.py
├── static
│   ├── css
│   │   └── spectre.min.css
│   └── js
│       ├── jquery-3.3.1.min.js
│       └── operation.js
├── templates
│   └── index.html
├── util
│   └── Checker.py
└── your_code_here
    └── DataBaseManager.py
```

其中主要文件说明如下。

- Pipfile 与 Pipfile.lock：Pipenv 配置运行环境的文件，用来记录项目所需要的第三方库。这两个文件的使用在 4.2.2 小节会介绍。
- answer 文件夹下面的 DataBaseManager.py：本项目的参考答案。读者在自己完成项目以后可以将自己的代码与参考代码进行对比。
- bin 文件夹下的 generate_data.py：用来向数据库中插入初始数据。
- main.py、static、templates、util 文件夹：其中是本项目网站的后台和前台相关的代码，读者不需要关心。

读者只需要修改 your_code_here 文件夹下面的 DataBaseManager.py 就能完成本项目。

4.2.2 搭建项目运行环境

在 Python 开发中，常使用 pip 来安装不同的第三方库。如果把所有第三方库全部安装到系统的 Python 环境中，则可能会导致系统环境不稳定。而且，如果两个不同的项目依赖于同一个第三方库的不同版本，那么处理冲突也非常麻烦。

virtualenv 是一个创建 Python 虚拟环境的工具，它可以为每一个 Python 项目创建不同的 Python 虚拟环境，各个环境之间互相隔离，从根本上解决了第三方库冲突的问题。

由于 virtualenv 命令的参数众多而且操作复杂，不利于初学者直接使用，因此需要使用一个更加简单的工具来管理 virtualenv，本书使用 Pipenv 来实现这一目的。

Pipenv 会自动调用 virtualenv 创建虚拟环境，并在虚拟环境中安装第三方库，所以使用 Pipenv 会大大简化 Python 项目的环境搭建工作。

1．安装 Pipenv

安装 Pipenv 需要在 Linux/macOS 的终端或者 Windows 的 DOS 窗口中执行 pip 命令：

```
python3 -m pip install pipenv
```

2．创建本项目所需要的 Python 环境

（1）安装完成后，通过命令行或者终端进入本项目所在的文件夹（例如：~/mongoredis/project_1）。

（2）进入后，执行如下命令就能创建本项目所需要的 Python 环境：

```
pipenv install
```

（3）运行命令以后，Pipenv 会自动读取 Pipfile 和 Pipfile.lock 这两个文件，从而知道需要安装哪些第三方库的什么版本。运行效果如图 4-9 所示。

图 4-9　使用 Pipenv 搭建 Python 虚拟环境极其简单

3．进入虚拟环境

（1）安装完成以后，根据提示执行以下命令：

```
pipenv shell
```

（2）自动进入专门为本项目定制的虚拟环境，如图 4-10 所示。在图 4-10 中，方框框住的部分是本项目虚拟环境的名字，提示当前终端处于虚拟环境中。

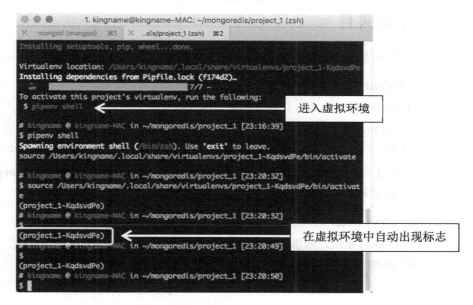

图 4-10　进入虚拟环境

> 提示：
> 虚拟环境提示有多种显示形式，这取决于终端的显示设置。所以，可能读者看到的与图 4-10 中所示的位置或者格式略有差异。

此时，如果使用的是"python3×××.py"命令，则调用的是虚拟环境中的 Python 3，不会受系统环境的影响。

在本项目的开发过程中，请读者全程不要关闭当前这个终端窗口，本章涉及的所有命令都需要在这个窗口中执行。

> 提示：
> 如果不小心关闭了这个终端窗口，则需要执行命令重启虚拟环境。
> 如在 macOS/Linux 中，则需要执行以下两条命令进入项目文件夹并启动虚拟环境：

```
cd ~/mongoredis/project_1
pipenv shell
如在 Windows 中，则需要执行以下两条命令进入项目文件夹并启动虚拟环境：
cd C:\project_1
pipenv shell
```

关于 Pipenv 的详细使用说明，读者可以参考 https://github.com/pypa/pipenv。

4.2.3　启动项目

设置好虚拟环境后，就可以启动网站了。

1．Linux/macOS 系统

对于 Linux/macOS 系统，在虚拟环境中执行以下命令：

```
export FLASK_APP=main.py
flask run
```

其中，第 1 行代码添加环境变量，变量名为"FLASK_APP"，值为"main.py"；第 2 行代码通过 flask 启动网站。

2．Windows 系统

对于 Windows 系统，按以下步骤来启动项目。

（1）在 DOS 窗口中以下执行命令：

```
set FLASK_APP=main.py
flask run
```

（2）运行效果如图 4-11 所示。

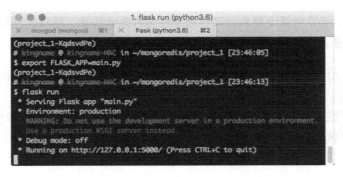

图 4-11　启动网站

（3）打开浏览器，输入网址：http://127.0.0.1:5000，可以看到如图 4-12 所示的页面。

图 4-12　项目初始化页面

此时，即使没有启动 MongoDB，也可以看到页面上有三条测试数据。
- 单击"添加人员"按钮，会弹出"添加信息"对话框，但是添加的任何信息都不会出现在页面上，也不会被写入数据库中。
- 单击"编辑"按钮也能打开编辑信息对话框，但是对信息的任何修改都不会生效。
- 单击"删除"按钮无法删除当前的三条测试数据。

打开 your_code_here 文件夹下面的 DataBaseManager.py 文件，其中的代码如图 4-13 所示。

图 4-13　DataBaseManager.py 文件中的代码

本实例需要读者实现 DataBaseManager 类下面的不同方法，从而使人员管理系统可以正常工作。本实例中所有需要读者修改的地方都在代码的注释中进行了提示。

4.3 项目开发过程

4.3.1 生成初始数据

在项目的 bin 文件夹下有一个 generate_data.py 文件，文件中的代码如图 4-14 所示。

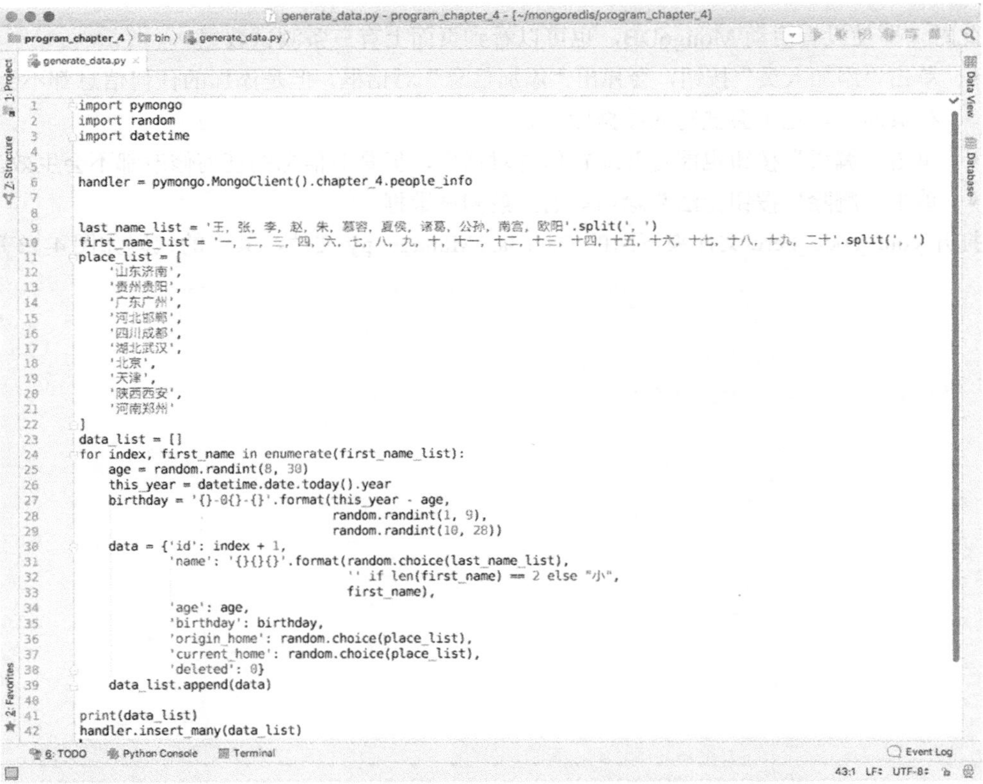

```python
import pymongo
import random
import datetime


handler = pymongo.MongoClient().chapter_4.people_info


last_name_list = '王，张，李，赵，朱，慕容，夏侯，诸葛，公孙，南宫，欧阳'.split('，')
first_name_list = '一，二，三，四，六，七，八，九，十，十一，十二，十三，十四，十五，十六，十七，十八，十九，二十'.split('，')
place_list = [
    '山东济南',
    '贵州贵阳',
    '广东广州',
    '河北邯郸',
    '四川成都',
    '湖北武汉',
    '北京',
    '天津',
    '陕西西安',
    '河南郑州'
]
data_list = []
for index, first_name in enumerate(first_name_list):
    age = random.randint(8, 30)
    this_year = datetime.date.today().year
    birthday = '{}-0{}-{}'.format(this_year - age,
                                  random.randint(1, 9),
                                  random.randint(10, 28))
    data = {'id': index + 1,
            'name': '{}{}{}'.format(random.choice(last_name_list),
                                    '' if len(first_name) == 2 else "小",
                                    first_name),
            'age': age,
            'birthday': birthday,
            'origin_home': random.choice(place_list),
            'current_home': random.choice(place_list),
            'deleted': 0}
    data_list.append(data)

print(data_list)
handler.insert_many(data_list)
```

图 4-14　generate_data.py 文件中的代码

在本地启动 MongoDB，运行这个文件中的代码，则会在本地 MongoDB 中创建一个名为“chapter_4”的数据库，并在其中创建一个名为“people_info”的集合。初始状态会向集合中插入 19 条数据，如图 4-15 所示。

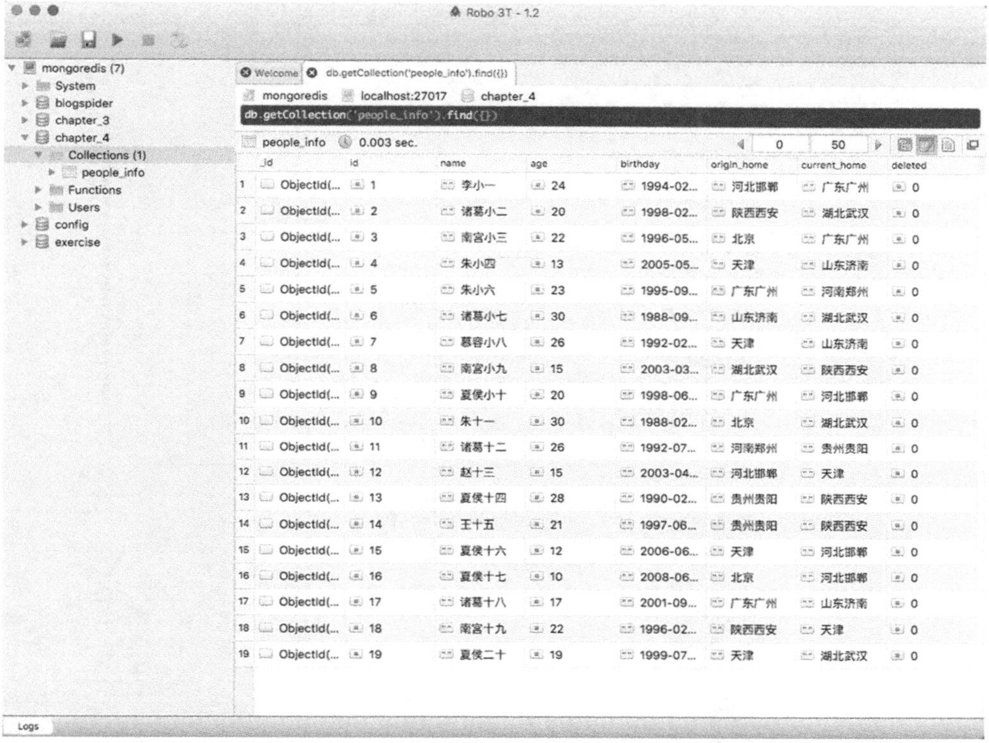

图 4-15 初始数据

> **提示：**
> "初始数据生成程序生成"的人名、年龄和地址都是随机拼接的，因此每一位读者生成的初始数据都是不一样的。但可以确定的是，人名"小四"和"小六"中间没有"小五"。

4.3.2 实现"查询数据"功能

查询数据对应了 DataBaseManager 类里面的 query_info()方法。在初始状态下，这个方法返回的是三条假数据，如图 4-16 所示。

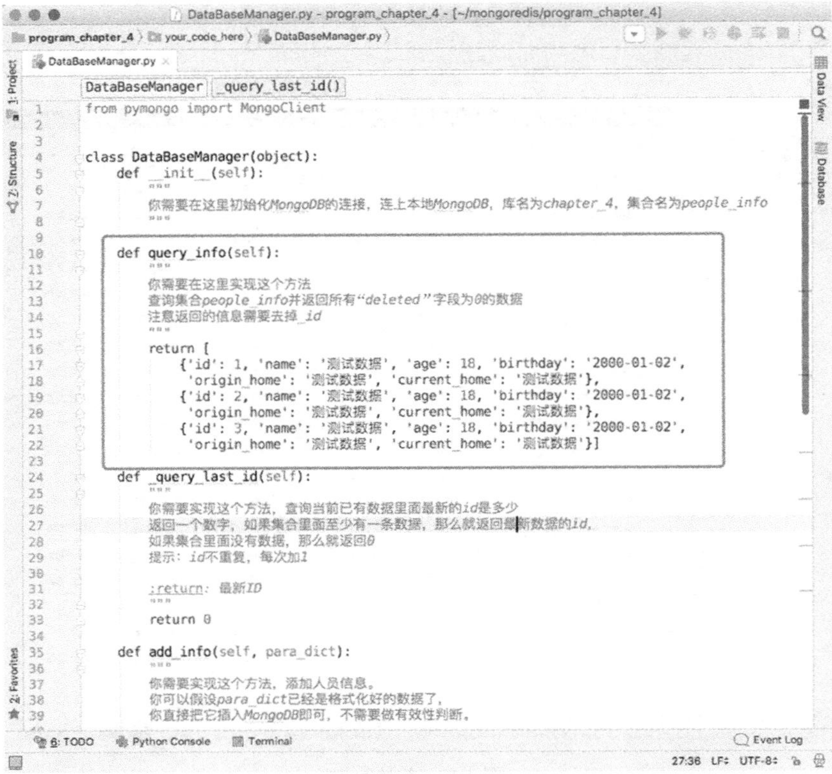

图 4-16　一开始 query_info 方法返回三条假数据

在图 4-16 中，方框框住的代码为：

```python
def query_info(self):
    """
    你需要在这里实现这个方法
    查询集合people_info并返回所有"deleted"字段为 0 的数据
    注意返回的信息需要去掉_id
    """
    return [
        {'id': 1, 'name': '测试数据', 'age': 18, 'birthday': '2000-01-02',
         'origin_home': '测试数据', 'current_home': '测试数据'},
        {'id': 2, 'name': '测试数据', 'age': 18, 'birthday': '2000-01-02',
         'origin_home': '测试数据', 'current_home': '测试数据'},
        {'id': 3, 'name': '测试数据', 'age': 18, 'birthday': '2000-01-02',
         'origin_home': '测试数据', 'current_home': '测试数据'}]
```

现在的目标是，用 query_info() 方法查询 MongoDB，并以列表的形式返回集合里面的所有数据。

由于无论是查询、增加、修改，还是删除数据，都会涉及数据库连接，因此，可以先在__init__()方法中创建数据库连接对象，这样在后面的其他方法中都能够直接使用，不需要多次初始化数据库连接。

1. 创建数据库连接对象

修改__init__()方法中的代码，连接数据库并定位到 people_info 集合。见代码 4-1。

代码 4-1　构造函数

```
01  def __init__(self):
02      """
03      你需要在这里初始化MongoDB的连接，连上本地MongoDB，库名为chapter_4，集合名为people_info
04      """
05      client = MongoClient()
06      database = client.chapter_4
07      self.handler = database.people_info
```

其中，主要代码说明如下。

- 第 5 行代码：创建 MongoDB 的连接。
- 第 6 行代码：指定使用"chapter_4"数据库。
- 第 7 行代码：指定使用"people_info"集合。

2. 查询集合中所有"deleted"字段为 0 的信息

接下来完成 query_info()方法，查询集合中所有"deleted"字段为 0 的信息。见代码 4-2。

代码 4-2　查询所有 deleted 为 0 的数据。

```
01  def query_info(self):
02      """
03      你需要在这里实现这个方法
04      查询集合people_info并返回所有"deleted"字段为0的数据
05      注意返回的信息需要去掉_id
06
07      """
08      info_list = list(self.handler.find({'deleted': 0}, {'_id': 0}))
09      return info_list
```

其中，主要代码说明如下。

- 第 8 行代码："self.handler.find({'deleted': 0},{'_id': 0})"查询到所有 deleted 字段为 0 的

数据，去掉 ObjectId 以后返回。再使用 Python 的 list() 方法把 pymongo 返回的对象转换为包含字典的列表。
- 第 9 行代码：将转换成的包含字典的列表返回。

完成以后的代码如图 4-17 所示。

```
from pymongo import MongoClient


class DataBaseManager(object):
    def __init__(self):
        你需要在这里初始化MongoDB的连接，连上本地MongoDB，库名为chapter_4，集合名为people_info
        client = MongoClient()
        database = client.chapter_4
        self.handler = database.people_info

    def query_info(self):
        你需要在这里实现这个方法
        查询集合people_info并返回所有"deleted"字段为0的数据
        注意返回的信息需要去掉_id

        info_list = list(self.handler.find({'deleted': 0}, {'_id': 0}))
        return info_list

    def _query_last_id(self):
        你需要实现这个方法，查询当前已有数据里面最新的id是多少
        返回一个数字，如果集合里面至少有一条数据，那么就返回最新数据的id
        如果集合里面没有数据，那么就返回0
        提示：id不重复，每次加1

        :return: 最新ID

        return 0

    def add_info(self, para_dict):
```

图 4-17　完善 __init__() 和 query_info() 方法

在虚拟环境中，使用"Ctrl+C"组合键关闭网站程序，然后再重新启动。刷新浏览器后可以看到，数据库中的信息已经成功显示在网页中了。

对比数据库中的数据可以发现，网页显示的内容与数据库中的内容是一致的，如图 4-18 所示。

图 4-18 成功显示数据库中的数据

4.3.3 实现"添加数据"功能

添加数据的逻辑如下：

（1）如果 people_info 集合中没有数据，那么添加的人员工号为"1"。

（2）如果 people_info 中有数据，那么新的人员工号是"已有最大工号加 1"。

（3）插入数据。

1．查询已有工号

首先需要查询 people_info 集合，寻找当前最大的工号。根据前面介绍的添加逻辑中的（1）和（2）两点，完善_query_last_id()方法，见代码 4-3。

代码 4-3　查询 people_info 寻找最大工号

```
01 def _query_last_id(self):
02     """
03     你需要实现这个方法，查询当前已有数据里面最新的 id 是多少
04     返回一个数字。如果集里面至少有一个数据，那么就返回最新数据的 id
05     如果集里没有数据，就返回 0
06     提示：id 不重复，每次加 1
07
08     :return: 最新 ID
```

```
09      """
10      last_info = self.handler.find({}, {'_id': 0, 'id': 1}).sort('id',
    -1).limit(1)
11      return last_info[0]['id'] if last_info else 0
```

其中，主要代码说明如下。

- 第 10 行代码：首先查询 people_info 集合，以 "id" 字段倒序排列，只取倒序排列以后的第 1 条数据，即 id 最大的那一条数据。
- 第 11 行代码：如果 people_info 不为空，那么 if last_info 判断语句会执行 if 左边的语句，并且变量 last_info 可以像列表一样读取下标为 0 的元素，再读取这个元素的 id，这就是当前最大的 id 了，读取以后返回。如果 people_info 集合是空的，那么 if last_info 判断语句会执行 else 右边的语句，返回整数 0。

2. 添加新数据

add_info()方法首先调用_query_last_id()方法获得当前最大的 id，然后把这个 id 加 1 作为新的 id。再将新的 id 放到参数需要插入的字典 "para_dict" 中并插入数据库中。具体代码如下：

代码 4-4　添加新数据

```
01  def add_info(self, para_dict):
02      """
03      你需要实现这个方法，添加人员信息
04      你可以假定 para_dict 已经是格式化好的数据了
05      你直接把它插入 MongoDB 即可，不需要做有效性判断
06
07      在实现这个方法时，你需要要首先查询 MongoDB，获取已有数据里最新的是多少
08      这个新增的人员的 ID 需要在已有 ID 基础上加 1
09
10      :param para_dict: 格式为{'name': 'xxx', 'age': 12, 'birthday':
    '2000-01-01', 'origin_home': 'xxx', 'current_home': 'yyy', 'deleted': 0}
11      :return: True 或者 False
12      """
13      last_id = self._query_last_id()
14      this_id = last_id + 1
15      para_dict['id'] = this_id
16      try:
17          self.handler.insert_one(para_dict)
18      except Exception as e:
19          print('插入数据失败，保存信息如下：{}'.format(e))
20          return False
21      return True
```

其中，主要代码说明如下。
- 第 13、14 行代码：获取当前最新 id 并加 1。
- 第 15 行代码：把新的 id 添加到即将加入数据库的 para_dict 字典中。
- 第 16～20 行代码：把数据插入 MongoDB 中。为了防止在插入过程中出现问题，使用 try…except Exception 把插入的代码"包"起来，这样可以在插入数据出错时把报错信息打印出来。

代码如图 4-19 所示。

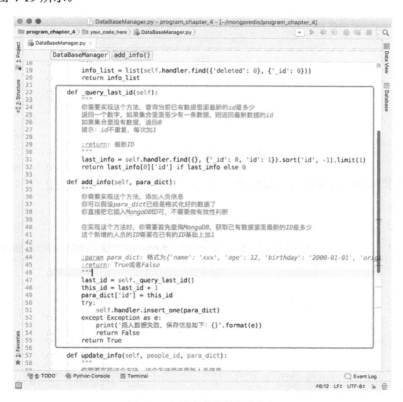

图 4-19　添加新数据的相关代码

3．测试添加数据

添加好数据之后，重新启动网站。

（1）刷新网页以后，添加一条新的人员信息并单击"添加"按钮，如图 4-20 所示。

图 4-20　添加新的人员信息

（2）可以发现新的人员信息已经被添加成功，如图 4-21 所示。

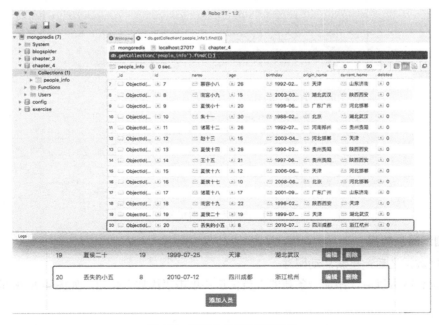

图 4-21　新的人员信息添加成功

4.3.4 实现"更新数据"功能

1. 实现数据更新逻辑

更新数据的逻辑非常简单，根据工号 id 找到 MongoDB 中对应的记录并更新即可。涉及的代码如下。

代码 4-5 更新数据

```
01      def update_info(self, people_id, para_dict):
01          """
02          你需要实现这个方法。这个方法用来更新人员信息
03          更新信息是根据 people_id 来查找的，因此 people_id 是必需的
04
05          :param people_id: 人员 id，数字
06          :param para_dict: 格式为{'name': 'xxx', 'age': 12, 'birthday':
    '2000-01-01', 'origin_home': 'xxx', 'current_home': 'yyy'}
07          :return: True 或者 False
08          """
09          try:
10              y = self.handler.update_one({'id': people_id}, {'$set':
    para_dict})
11              print(y)
12          except Exception as e:
13              print('更新数据错误，报错信息如下: {}'.format(e))
14              return False
15          return True
```

其中，主要代码说明如下。

- 第 10 行代码：根据 id 更新数据。para_dict 的格式与添加新数据时的相同。
- 第 11 行代码：打印更新返回的对象。这是一行不重要的语句，可以省略。
- 第 9 行与第 12 行，使用 try...except Exception 把更新代码"包"起来，这样遇到更新数据出错时就会把错误信息打印出来，并返回 False。

完成以后的代码如图 4-22 所示。

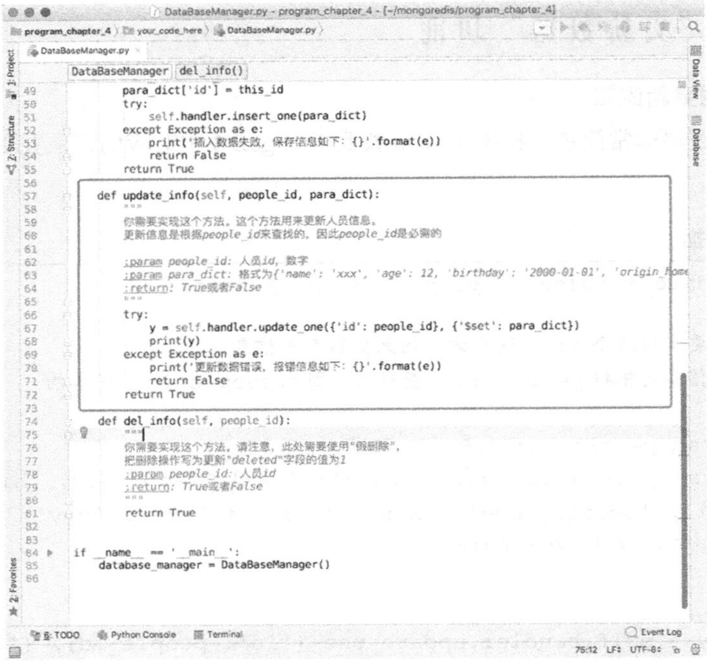

图 4-22 更新数据

2. 测试更新数据

完成代码以后重启网站，刷新网页，尝试修改一条数据，修改完成以后单击"更新"按钮，如图 4-23 所示。

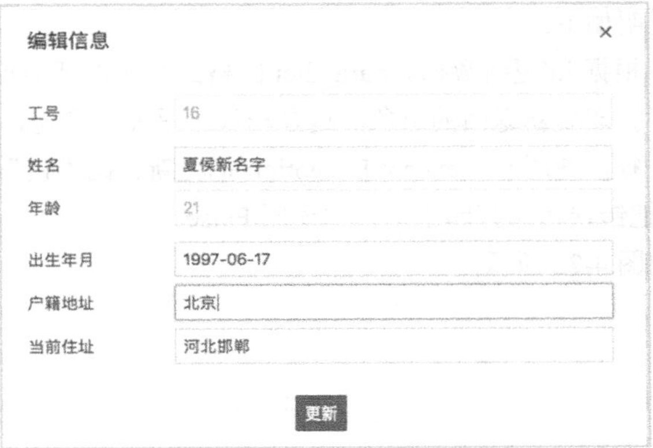

图 4-23 修改部分信息

对比图 4-21 所示的数据可以发现数据已经发生了变化，如图 4-24 所示。

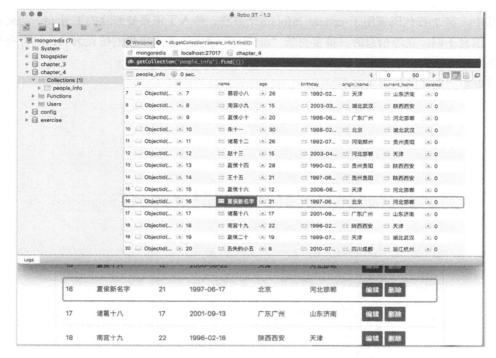

图 4-24　数据已经发生了变化

4.3.5　实现"删除数据"功能

1. 实现删除数据的逻辑

为了防止数据的误删除,使用"假删除"是一个简单有效的方法。在查询数据时,用到的查询条件为"deleted 字段为 0",那么只要把 deleted 字段改为非 0 就可以让数据查不出来,也就变相实现了删除的功能。因此,删除数据的本质仍然是更新数据。

代码 4-6　对数据进行假删除

```
01  def del_info(self, people_id):
01      """
02      你需要实现这个方法。请注意,此处需要使用"假删除"
03      用删除操作把"deleted"字段的值改为 1
04      :param people_id: 人员 id
05      :return: True 或者 False
06      """
07      return self.update_info(people_id, {'deleted': 1})
```

其中，第 7 行代码调用了 update_info()这个方法，传入了将要被删除的工号 id。与前面更新用户信息不同，删除信息时只需要更新“deleted”字段，把该字段的值设为 1。这样在数据查询阶段就无法查出数据了

改好以后的代码如图 4-25 所示。

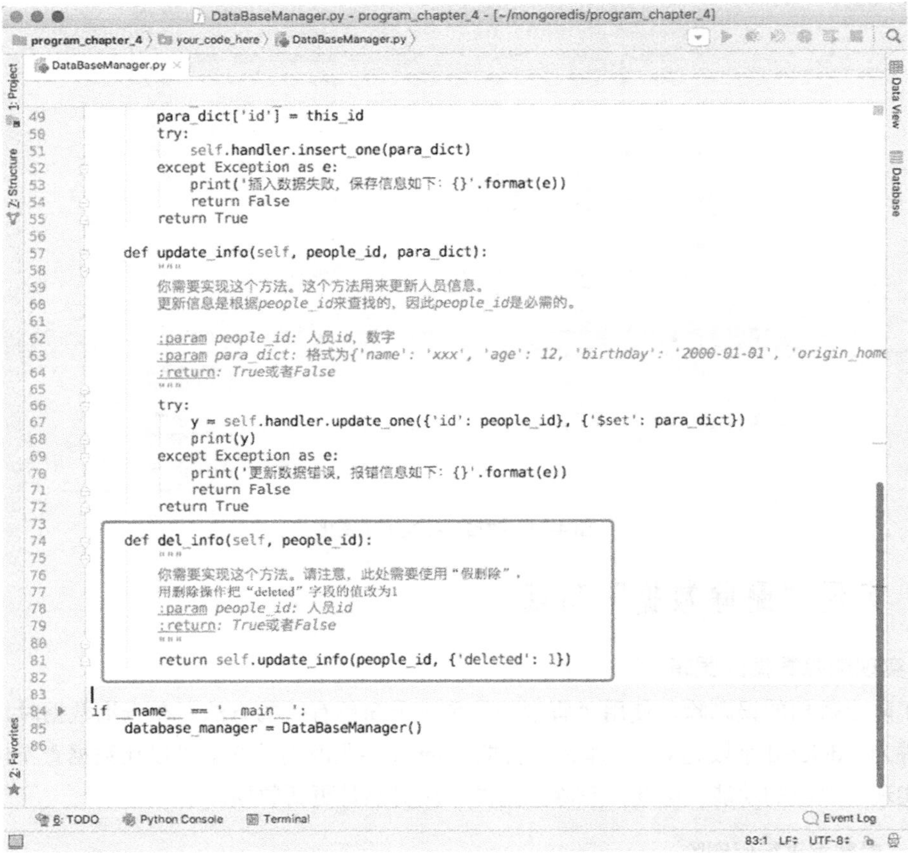
DataBaseManager.py - program_chapter_4 - [~/mongoredis/program_chapter_4]
program_chapter_4 › your_code_here › DataBaseManager.py
DataBaseManager.py
para_dict['id'] = this_id
try:
self.handler.insert_one(para_dict)
except Exception as e:
print('插入数据失败，保存信息如下：{}'.format(e))
return False
return True
def update_info(self, people_id, para_dict):
"""
你需要实现这个方法。这个方法用来更新人员信息。
更新信息是根据people_id来查找的，因此people_id是必需的。
:param people_id: 人员id，数字
:param para_dict: 格式为{'name': 'xxx', 'age': 12, 'birthday': '2000-01-01', 'origin_home
:return: True或者False
"""
try:
y = self.handler.update_one({'id': people_id}, {'$set': para_dict})
print(y)
except Exception as e:
print('更新数据错误，报错信息如下：{}'.format(e))
return False
return True
def del_info(self, people_id):
"""
你需要实现这个方法。请注意，此处需要使用“假删除”，
用删除操作把“deleted”字段的值改为1
:param people_id: 人员id
:return: True或者False
"""
return self.update_info(people_id, {'deleted': 1})
if __name__ == '__main__':
database_manager = DataBaseManager()
6: TODO
Python Console
Terminal
Event Log
83:1 LF: UTF-8:

图 4-25　删除的本质是更新

2. 测试删除数据的效果

修改好代码以后重启网站并刷新网页，单击工号为“12”的这个人员对应的“删除”按钮，如图 4-26 所示。

图 4-26 单击"删除"按钮

删除数据以后,在网页上已经不能看到工号为"12"的这个人员的信息了。在数据库中,这个人员的 deleted 字段变成了 1,如图 4-27 所示。

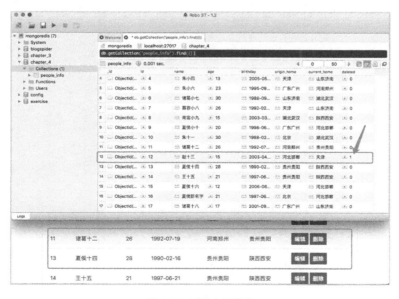

图 4-27 删除人员信息

> **提示：**
> 目前互联网上很多声称能够注销并删除账号的网站，几乎都是使用的假删除。虽然用户"注销"以后确实无法登录，但网站并不会删除用户的信息，只是通过修改数据库中的某个字段，让这个账号看起来像是被删除了而已。

本章小结

本章使用一个人员管理网站的实例来帮助读者巩固 MongoDB 的基本操作。整个过程使用基于 Python 的网络框架 Flask 来实现。读者只需要修改 your_code_here 文件夹下面的 DataBaseManager.py 中的相应方法，就可以用图形化的方式直观地看到代码的运行结果。

希望读者通过本章能明白，学习数据库绝对不能仅仅学习数据库本身的命令，一定要配合一门编程语言，这样才能掌握如何应用数据库。

没有任何一个项目是直接通过数据库自带的命令操作数据库来实现业务逻辑的，一定需要另外一门更加通用的语言来操作数据库。

第 5 章

Redis快速入门

内存的读写速度远远高于硬盘。如果能够把数据放在内存中,那么数据的读写效率就会有一很大的提升。

在程序开发中,如果需要频繁操作数据库中的一些数据,那么比较高效的做法是把这些数据先读出来,用一个或者多个变量来保存。程序只读一次数据库,之后直接操作变量。等到数据处理完成后,再将数据更新回原数据库或者插入新的数据库中。

在不同进程之间共享变量,虽然也可能做到,但是过程非常烦琐。更不要说在不同机器之间共享变量了。所以,使用程序变量这种方式虽然读写速度快,却有很大的局限性。如果数据库的速度能快到即使频繁读写也不会影响程序的性能,那么在多个机器之间共享数据也变得轻而易举了。这就是本章会讲到的 Redis。

5.1 安装 Redis

5.1.1 在 Windows 中安装 Redis

1. 下载 Windows 版本 Redis

Redis 没有官方的 Windows 版本。第三方构建的 Windows 版本通过下面的网址下载:
https://github.com/MicrosoftArchive/redis/releases/download/win-3.2.100/Redis-x64-3.2.100.zip。

 提示:

截止本书出版时,官方 Redis 最新版本为 5.0,而第三方版本为 2016 年发布的 3.2。因此,在 Windows 中搭建的 Redis 只能作为测试用,绝不可在生产环境中正式使用。

将 Windows 版本的 Redis 安装包下载完成以后解压缩到硬盘中,例如 D:\Redis 文件夹,如图 5-1 所示。

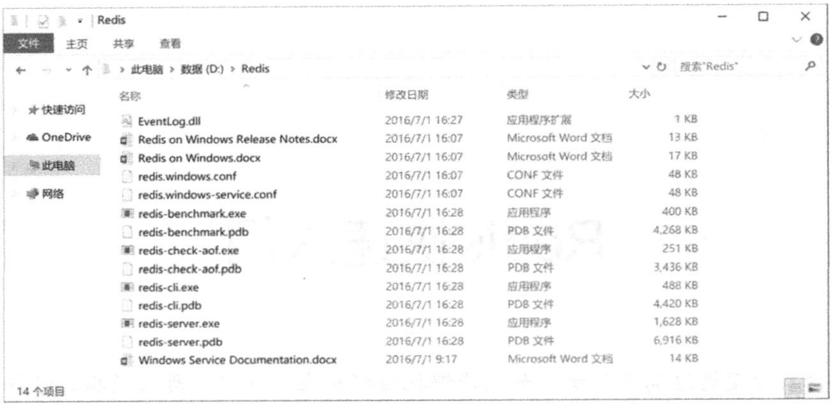

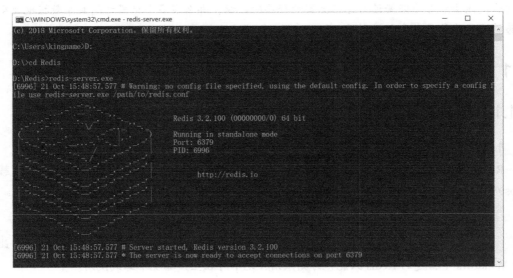

图 5-1　解压缩以后的 Redis 文件夹

2. 启动 Windows 版本的 Redis

打开 DOS 窗口，进入 Redis 文件夹，执行下面的命令启动 Redis：

```
redis-server.exe
```

运行效果如图 5-2 所示。

图 5-2　在 Windows 下启动 Redis

此时，Windows 防火墙会弹出报警窗口，如图 5-3 所示。勾选"专用网络，例如家庭或工作网络"复选框，并单击"允许访问"按钮。

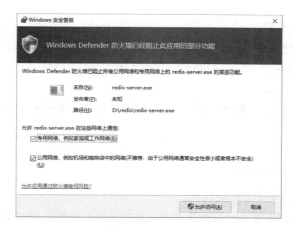

图 5-3　允许 Redis 的网络通信穿过防火墙

3. 启动 redis-cli 交互环境

新打开一个 DOS 窗口，进入 Redis 文件夹，输入以下命令启动 redis-cli 交互环境：

```
redis-cli.exe
```

运行效果如图 5-4 所示。

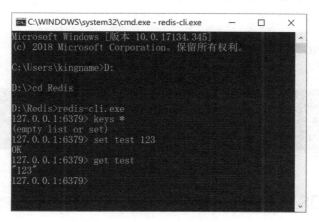

图 5-4　启动 redis-cli 交互环境

5.1.2 在 Linux 中安装 Redis

1. 安装 Redis

在大多数情况下，Redis 的生产环境都会被部署在 Linux 中。在 Linux 中安装 Redis 主要有三种方法：

（1）使用包管理器安装。
（2）从源代码编译安装。
（3）使用 Docker 安装。

本书会介绍第一种方法。

以在 Ubuntu 18.04 中安装 Redis 为例，使用包管理器安装 Redis 非常简单，只需要执行以下两行命令：

```
apt-get update
apt-get install redis-server
```

安装完成以后，Redis 就会自动启动。

包管理器安装的 Redis 版本一般会比 Redis 官方发布的最新的稳定版本要早。所以，如果需要使用最新版本的 Redis，则需要自己编译 Redis 的源代码来安装。

2．测试安装结果

安装完成 Redis 以后，在终端输入以下命令：

```
redis-cli
```

进入 redis-cli 交互环境，输入以下命令：

```
ping
```

如果返回"PONG"（见图 5-5），则说明安装成功。

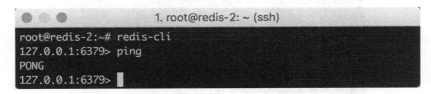

图 5-5　测试 Redis 是否安装成功

5.1.3　在 macOS 中安装 Redis

在 macOS 环境中安装 Redis 主要有两种方式：一种是使用 Homebrew 安装；另一种是使用源代码编译安装。

1．使用 Homebrew 安装 Redis

如果读者的 macOS 上已经有了 Homebrew，那么安装 Redis 非常简单，只需要执行以下一行命令：

```
brew install redis
```

安装完成后,可以使用如下命令启动 Redis:

```
redis-server /usr/locla/etc/redis.conf
```

2. 使用源码编译安装 Redis

如果读者不知道 Homebrew 是什么,或者电脑中没有安装 Homebrew,那么可以使用以下几行命令安装 Redis:

```
cd ~
wget http://download.redis.io/releases/redis-5.0.0.tar.gz
tar xzf redis-5.0.0.tar.gz
cd redis-5.0.0
make
sudo ln -s ~/redis-5.0.0/src/redis-server /bin/redis-server
sudo ln -s ~/redis-5.0.0/src/redis-cli /bin/redis-cli
```

执行完成这些命令后,就可以使用如下命令启动 Redis:

```
redis-server ~/redis-5.0.0/src/redis.conf
```

然后启动 redis-cli 交互环境测试安装,如显示和图 5-6 类似的界面则说明安装成功。

图 5-6 测试 Redis 是否安装成功

5.1.4 在线测试环境

如果读者在安装 Redis 的过程中遇到了任何难以解决的问题,为了不浪费太多时间在搭建环境上,则除请求朋友或者老师的帮助外,还可以使用 Redis 的在线练习环境。网址为:http://try.redis.io。本书中所有能够在 Redis 交换环境中执行的代码,都可以在这个练习网站上运行和测试。

练习网站如图 5-7 所示。

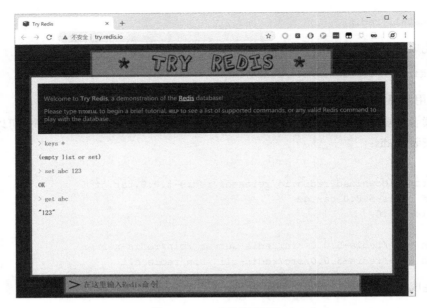

图 5-7　Redis 在线练习网站

5.2　字符串的创建、查询和修改

字符串（Strings）是 Redis 的基本数据结构之一。它由 Key 和 Value 两部分组成。

Redis 的字符串可以简单地类比为 Python 的变量。其中，Key 相当于变量名，Value 相当于变量值。

5.2.1　使用 redis-cli 实现

本小节将在终端中使用 redis-cli 连接 Redis，查看当前有哪些 Key，结果如图 5-8 所示。

图 5-8　使用 redis-cli 连接 Redis 并查看当前数据

1．创建字符串

往 Redis 中添加一条字符串的命令为：

```
set key value
```

其中：
- key 可以是数字、大小写字母、下画线或者中文。
- value 可以是任意内容。

往 Redis 中添加一个字符串，使用的关键字为 set。假设它的 Key 为"give_me_a_world"，它的值为"OK"，那么可以使用如下命令来实现：

```
set give_me_a_world OK
```

2. 查询字符串

添加完成后，可以查看 Redis 里面有多少 Key，结果如图 5-9 所示。

图 5-9　字符串已经被成功添加到了 Redis 中

提示：

虽然 Key 可以使用中文，但是不建议使用。因为在列出 Redis 当前所有 Key 时，中文内容会变得难以阅读，如图 5-10 所示。

其中的"\xe4\xb8\xad\xe6\x96\x87"对应的就是"中文"这两个汉字。

图 5-10　列出 Redis 所有 Key 时，中文会变成 Unicode 码

3. 读取字符串

（1）从 Redis 中读取一个字符串的值。

使用的关键字为"get"。例如：

```
get give_me_a_world
```

运行效果如图 5-11 所示。

（2）从 Redis 中读取一个字符串。

命令格式为：

```
get key
```

如果获取一个不存在的 Key，则会返回(nil)，如图 5-12 所示。

图 5-11　从 Redis 中获取一个字符串的值　　　　图 5-12　获取一个不存在的 Key

如果 Redis 中有中文 Key，则也可以获取中文 Key 对应的值，如图 5-13 所示。

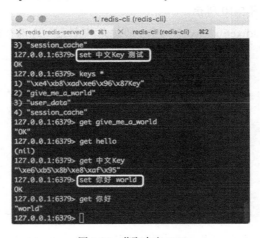

图 5-13　获取中文 Key

> **提示：**
> 从图 5-13 中可以看出：如果字符串的值为中文，那么在 redis-cli 里获取出的中文值是难以阅读的；但中文 Key 里的内容无论是英文还是数字，在 redis-cli 里获取后都可以正常显示。

可能有读者会认为，从"set"和"get"的用法来看，Redis 的字符串真是太简单了。但实际上，在 Redis 中操作字符串有 24 个不同的命令，每一个命令还有多种不同的参数。"set"与"get"只是其中的两个。由于篇幅所限，本书会挑选其中几条重要的命令来讲解。

4．修改 Key 里面的值

如果要修改一个 Key 里面的值，则使用以下命令即可（如图 5-14 所示）：

```
set key 新的值
```

修改 Key 里面的值有以下几种情况：

（1）如果 Redis 不存在这个 Key，那么使用"set"命令可以创建它；如果 Redis 里面已经有了这个 Key，那么使用"set"命令可以用新的值覆盖旧的值。

> **提示：**
> 如果不希望 set 命令覆盖旧的值怎么办呢？可以使用一个参数"NX"。如果一个 Key 已经存在于 Redis 中，那么就不覆盖，直接放弃操作。命令格式如下，运行效果如图 5-15 所示。

```
set key value NX
```

图 5-14　set 命令直接覆盖原有值

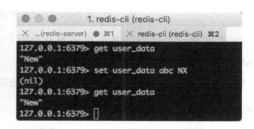

图 5-15　如果 Key 已经存在，就放弃操作

（2）如果需要做的修改是给字符串的末尾加上其他字符串，则可以不使用"set"命令，而改用"append"命令。

格式为：

```
append key value
```

运行效果如图 5-16 所示。

（3）如果值的内容有空格，那么直接添加值就会报错。为防止报错，则需要使用双引号把有空格的内容包起来，格式如下：

```
set key "word1 word2 word3"
```

运行效果如图 5-17 所示。

图 5-16　使用 append 命令追加字符　　　　图 5-17　使用双引号"包"住有空格的值

字符串作为一个数据结构，虽然名为"字符串"（Strings），但它是可以保存数字的，如图 5-18 所示。

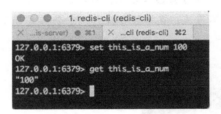

图 5-18　字符串也可以保存数字

（4）如果需要这个值加减某个数该怎么办呢？这时可以使用命令"incr""decr""incrby"或"decrby"。

- Incr 会让 Key 里的数字增加 1，具体语法如下：

```
incr key
```

- decr 会让 Key 里的数字减少 1，具体语法如下：

```
decr key
```

- incrby 会让 Key 里的数字增加 n，具体语法如下：

```
incrby key n
```

- decrby 会让 Key 里的数字减少 n，具体语法如下：

```
decrby key n
```

运行效果如图 5-19 所示。

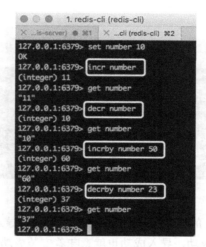

图 5-19　对值为数字的字符串进行增减操作

从图 5-19 中也可以看到，执行完这些命令后，Redis 直接返回的就是结果，这个结果与"get"获得的结果是一样的。

5.2.2　使用 Python 实现

Python 操作 Redis 的第三方库叫作"redis-py"。要使用它，需要首先通过 Python 的"pip"命令来安装它：

```
python3 -m pip install redis
```

 提示：

由于 Python 有 Python 2 和 Python 3 两个版本，并且两个版本可以同时存在于一台电脑中，所以相应地 pip 也有 pip 2 和 pip 3。

由于系统默认会把先安装的那个 Python 的版本号去掉，所以：
- 如果先安装的是 Python 2，则使用命令"pip install ×××"会把第三方库安装到 Python 2 中。
- 如果先安装的是 Python 3，则使用命令"pip install ×××"会把第三方库安装到 Python 3 中。

为了防止出现这样的误会，这里统一使用的是命令"python3 -m pip install ×××"这种方式，这样一定会把第三方库安装到 Python 3 的环境下，从而避免混淆。本书安装的所有第三方库都会使用这种正确的写法。

安装过程如图 5-20 所示。

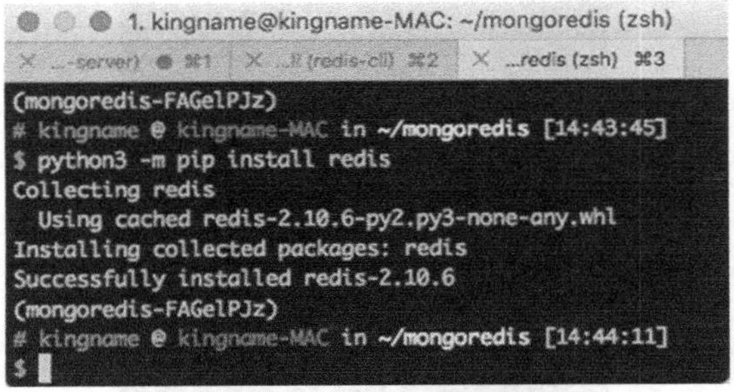

图 5-20　为 Python 安装 redis-py

安装完成后，打开 Python 的交互环境测试安装结果，尝试导入 Redis。如果系统不报错（如图 5-21 所示），则说明导入成功，导入成功也就意味着安装成功。

图 5-21　导入 Redis 不报错则说明安装成功

导入成功后，创建一个 Redis 的客户链接：

```
>>> import redis
>>> client = redis.Redis()
```

后面的所有操作都使用这个"client"对象来进行。

redis-py 操作字符串使用的关键字与 redis-cli 使用的关键字完全相同，唯一不同的是参数的组织方式。

首先介绍如何列出 Redis 中的所有 Key。代码如下：

代码 5-1　在 Python 中列出 Redis 中的所有 Key

```
>>> import redis
>>> client = redis.Redis()
```

```
>>> print(client.keys())
[b'user_data', b'number', b'hello', b'quote_in_quote', b'give_me_a_world',
    b'session_cache', b'sentence', b'\xe4\xbd\xa0\xe5\xa5\xbd',
    b'\xe4\xb8\xad\xe6\x96\x87Key', b'this_is_a_num']
>>> for key in client.keys():
...     print(key.decode())
...
user_data
number
hello
quote_in_quote
give_me_a_world
session_cache
sentence
你好
中文Key
this_is_a_num
```

运行效果如图 5-22 所示。

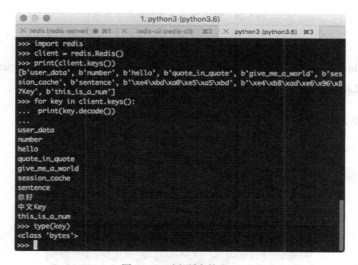

图 5-22　列出所有的 Key

"client.keys()" 返回的是一个列表，列表里是 bytes 型 Key。使用 for 循环把这个列表展开后，将 Key 转换为 Python 中的字符串型数据，包括中文在内的 Key 就可以正常显示了。

1. 创建字符串

添加一个字符串使用的是 "client.set()"，格式如下：

```
>>> client.set('key', 'value')
```

获取一个字符串的值使用的是"client.get()",格式如下:

```
>>> client.get('key')
```

运行效果如图 5-23 所示。

图 5-23 使用 Python 添加获取字符串

提示:

不论是 Python 的字符串还是数字,一旦进了 Redis 再出来就会变成 bytes 型的数据,因此需要注意做好格式转换。

在 redis-cli 里,set 命令有一个 nx 参数,在 Python 中也可以使用:

```
>>> client.set('key', 'value', nx=True)
```

如果 Key 已经存在了,则不会覆盖原有数据,如图 5-24 所示。

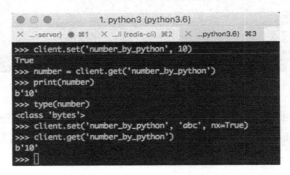

图 5-24 在 Python 中也可以使用 nx 参数

在 Python 中，也可以使用关键字"append"把新的字符添加到已有的字符串后面，如图 5-25 所示。

图 5-25　在 Python 中使用 append

redis-cli 中的"incr""decr"命令在 Python 中也可以正常使用，redis-cli 中的"incrby" "decrby"命令在 Python 相当于可用，见代码 5-2。

代码 5-2　在 Python 中对字符串进行增加和减小

```
>>> client.incr('key')          # Key 对应的值+1
>>> client.incr('key', n)       # Key 对应的值+n，相当于把 incr 与 incrby 合并了
>>> client.decr('key')          # Key 对应的值-1
>>> client.decr('key', n)       # Key 对应的值-n，相当于把 decr 与 decrby 合并了
```

在 Python 中，"client.incr()"与"client.decr()"都可以接收两个参数：第 1 个参数是 Key，第 2 个参数是数字。第 2 个参数可以省略，省略表示 1。运行效果如图 5-26 所示。

图 5-26　使用 Python 对字符串中的数字进行增减

5.2.3　字符串的应用

在工程上，Redis 的字符串常用来记录简单的映射关系。

例如，有 10000 条用户 ID 和用户名，ID 和用户名的对应关系如下：

```
1000001 王小小
1000002 王大大
1000003 王小零
1000004 张小二
1000005 李小三
1000006 朱小四
1000007 刘小五
1000008 司马小六
1000009 慕容小七
1000010 夏侯小八
……
```

出于某些原因，系统需要频繁查询不同 ID 对应的用户名，那么就可以使用字符串来实现。此时如果查看 Redis 的 Key，则可以看到如图 5-27 所示的内容。

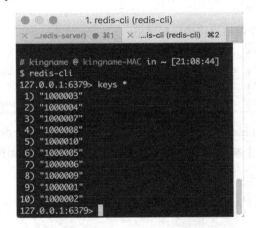

图 5-27　使用字符串保存简单的映射关系

一个 ID 就是一个 Key，每个 ID 里的值就是用户名。假设要获取 ID 为 "1000006" 的用户名，则代码可以写为：

代码 5-3　在 Python 中获取字符串的值

```
>>> import redis
>>> client = redis.Redis()
>>> name = client.get('1000006')
>>> print(f'ID 为 1000006 的用户名是：{name.decode()}')
ID 为 1000006 的用户名是：朱小四
>>> unknown_name = client.get('99999999')
>>> print(f'如果查询的 ID 不存在，那么 Redis 返回：{unknown_name}')
如果查询的 ID 不存在，那么 Redis 返回：None
```

由于 Redis 的数据保存在内存中，所以这种查询方式的速度非常快，可以满足对查询速度要求比较高但查询逻辑简单的查询操作。

> **提示：**
> （1）字符串只应用在小量级的数据记录中。如果数据量超过百万级别，那么使用字符串来保存简单的映射关系将会浪费大量内存。此时需要使用 Redis 的另一种数据结构——Hash。储存相同量级的数据，Hash 结构消耗的内存只有字符串结构的 1/4，但查询速度却不会比字符串差。关于 Hash 结构，将会在第 9 章讲解。
> （2）如果 Redis 中有大量 Key，那么执行"keys *"命令会对 Redis 性能造成短暂影响，甚至导致 Redis 失去响应。因此，绝对不应该在不清楚当前有多少 Key 的情况下冒然列出当前所有的 Key。

5.3 列表的创建、查询和修改

列表（Lists）是 Redis 中的另一种基本数据结构。

列表就像是一根平放的水管：可以从左边往里塞入数据，也可以从右边往里塞入数据；可以从左边读取数据，也可以从右边读取数据。

Redis 中的列表，与 Python 的列表在行为上有不少相似之处，可以对比着学习。列表有 17 条不同的操作命令，本书将会介绍其中的 7 条常用命令。

5.3.1 使用 redis-cli 实现

1. 插入数据

列表分左右两个方向，所以可以从左右两侧插入。"插入（Insert）"可以理解为"推入（Push）"。又由于"左（Left）"的首字母为"L"，"右（Right）"的首字母为"R"，所以，从列表左侧插入数据的命令为"LPush"，从列表右侧插入数据的命令为"RPush"。

Redis 的命令是不区分大小写的，所以一般用小写"lpush"和"rpush"便于辨认。

向列表中插入数据的命令为：

```
lpush key value1 value2 value3
rpush key value1 value2 value3
```

其中，Key 的命名要求与字符串一样，可以是数字、字母下划线和中文，但不建议使用中文。

Value 可以有 1 个或者多个。如有多个 value，应使用空格将它们隔开。如果一个 value 内部本身就有空格，那么就使用引号包起来。

（1）从列表左侧插入数据，代码实例如下：

```
lpush example_list hello
lpush example_list how are you
lpush example_list "are you ok?" fine thank you
```

用"lpush"插入数据的流程如图 5-28 所示。

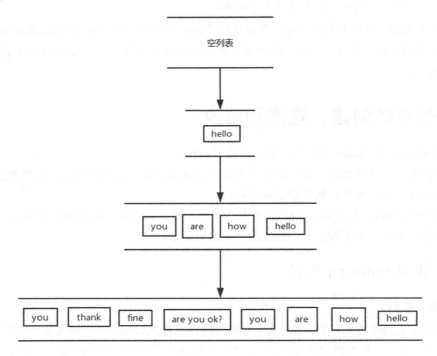

图 5-28　lpush 示意图

（2）用"rpush"插入数据的写法与"lpush"完全相同：

```
rpush example_list_right 你好
rpush example_list_right 请问贵姓 免贵姓王
rpush example_list_right '幸会 幸会' '久仰 久仰'
```

用"rpush"插入数据的流程如图 5-29 所示。

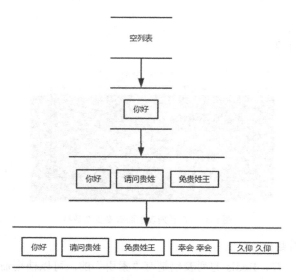

图 5-29　rpush 示意图

列表可以同时从左边和右边插入数据，见下方代码：

```
lpush example_left_right 123
rpush example_left_right 456
lpush example_left_right 789
```

添加完数据后，Redis 当前 Key 的结构如图 5-30 所示。

图 5-30　添加 3 个列表后的 Key

列表里可以有成千上万上百万的数据，所以，使用列表控制 Key 的规模是一种比较好的选择。

2．查看数据

（1）查看列表的长度。

由于一个列表里面可以存放非常多的数据，因此，可以使用命令"llen"来查看列表的长度。命令格式为：

```
llen key
```

运行效果如图 5-31 所示。

图 5-31　查看列表里面有多少个数据

（2）根据索引查看数据。

与 Python 的列表一样，Redis 的列表也是有"索引"的。可以使用命令"lrange"来根据索引查看数据。

索引从最左边开始编号，从 0 到"列表长度-1"。例如，左边第 1 个数据索引为 0，第 2 个数据索引为 1……第 7 个元素的索引为 6，第 8 个元素的索引为 7。

根据索引查看数据的命令格式为：

```
lrange key 开始索引 结束索引
```

例如，查看索引为 6 的数据：

```
lrange example_list 6 6
```

查看索引从 2（包括 2）到 5（包括 5）的数据：

```
lrange example_list 2 5
```

运行效果如图 5-32 所示。

图 5-32　使用索引查看列表数据

（3）查看列表的所有数据。

Redis 的列表也支持"负索引"，索引"-1"表示最右边的数据，"-2"表示右数第 2 个数据，以此类推。

因此，如果要查看列表的所有数据，可以使用命令：

```
lrange key 0 -1
```

运行效果如图 5-33 所示。

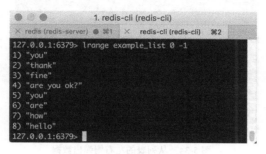

图 5-33　查看列表所有数据

> **提示：**
> 由于一个列表可以储存几百万条数据，所以，绝对不要冒然列出一个列表里面的所有数据，否则可能导致大量数据输出而瞬间耗尽系统的 I/O 资源。
> 应该是：先查看列表的长度，如确定数据量很小，则列出所有的值；如果数据量很大，则可以使用索引查看头几条数据与末尾几条数据。

查看列表的右边 5 条数据：

```
lrange key -5 -1
```

（4）弹出数据。

除了读取数据外，还能从列表里面"弹出（Pop）"数据，弹出也分为左右两个方向。从左边弹出数据使用的命令为"lpop"，从右边弹出数据使用的命令为"rpop"。命令格式为：

```
lpop key
rpop key
```

需要注意的是，在弹出数据的同时，被弹出的这个数据也会被从列表中删除，如图 5-34 所示。

从图 5-34 可以看出，列表"example_list"原有 8 条数据，首先从左侧弹出"you"，列表还剩 7 条数据，再从右侧弹出"hello"，最后列表还剩 6 条数据。

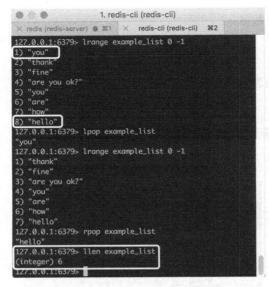

图 5-34　从列表的左右侧弹出数据

3．修改数据

Redis 的列表，可以根据数据的索引修改数据，使用的命令是"lset"，命令格式为：

```
lset key index 新的值
```

运行效果如图 5-35 所示。

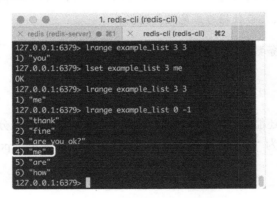

图 5-35　使用 lset 修改列表里面的数据

5.3.2　使用 Python 实现

使用 Python 操作 Redis 列表，用到的关键字与 redis-cli 中的命令一模一样。唯一的微小不同是——参数的传入方式。

1. 插入数据

通过 Python 向 Redis 列表的左右两侧插入数据的关键字是"lpush"和"rpush"，写法如下：

代码 5-4　在 Python 中向 Redis 列表左侧和右侧添加数据

```
>>> import redis
>>> client = redis.Redis()
>>> client.lpush('example_list_python', 'python')
1
>>>client.rpush('example_list_python', 'life is short')
2
```

插入数据后，程序会自动返回当前列表的长度，所以：
- 当第一次向"example_list_python"插入"python"时，程序返回"1"，表示添加了这个"python"后列表里有一条数据了。
- 当插入"life is short"后，加上前面的"python"，列表中有两条数据，因此返回 2。

插入这两条数据后，再来看一下这个 Key 下面的数据，如图 5-36 所示。

图 5-36　插入两条数据后的列表

由于"life is short"是从右侧插入列表的，所以数据在下面。那如果要插入多条数据该怎么办呢？有两种办法。

方法一：将多条数据直接作为参数依次放入"lpush"或者"rpush"中。

具体代码如下：

代码 5-5　在 Python 中，向 Redis 列表左侧或右侧批量添加数据

```
>>> client.lpush('example_list_python', 'first', 2, 3.0, '第四条')
6
>>> client.rpush('example_list_python', 9, 8.0, 'seven', '六')
10
```

代码运行效果如图 5-37 所示。

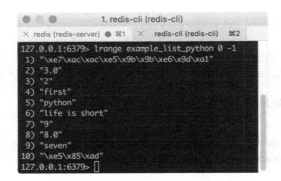

图 5-37　插入数据后的效果

其中，编号"1)"对应的是中文"第四条"，编号"10)"对应的是中文"六"。使用这种方式，理论上想添加多少个参数就可以添加多少个参数。但是，如果数据量比较大，添加起来会非常麻烦。对于数据量大的情况，就需要使用方法二插入多条数据。

方法二：把多条数据使用一个列表保存，然后把这个列表"左侧加上星号"后作为参数加入到"lpush"或"rpush"的参数中。

什么叫作"左侧加上星号"？请看下面的代码：

代码 5-6　在 Python 中，使用列表向 Redis 列表中批量添加数据

```
>>> datas = ['one', 'two', 'three', 'four']
>>> client.lpush('example_list_python_2', *datas)
4
>>> datas = ['ten', 'nine', 'eight']
>>> client.rpush('example_list_python_2', *datas)
7
```

运行效果如图 5-38 所示。

图 5-38　第二种批量插入数据的运行效果

> **提示：**
> 请注意观察图 5-37 与图 5-38，无论使用两种方法中的哪一种批量插入数据，体会"左侧插入"与"右侧插入"的含意。

假设，使用 lpush 插入的数据为['one', 'two', 'three', 'four']，那么，首先把"one"插入列表，接着把"two"插入到"one"的左边，把"three"插入到"two"的左边，把"four"再插入到"three"的左边。这样的位置关系体现在 redis-cli 中就是：越左边的数据，编号越小。

同理，请试着分析：用"rpush"命令插入数据时数据是怎么进去的，先进去与后进去的数据的位置关系。

2．读取数据

（1）查看列表长度。

查看列表长度，Python 使用的关键字依然是"llen"，其用法如下：

```
client.llen(key)
```

例如：

```
>>> import redis
>>> client = redis.Redis()
>>> print(client.llen('example_list_python'))
10
```

运行效果如图 5-39 所示，列表 example_list_python 中一共有 10 条数据。

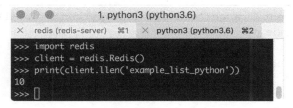

图 5-39　在 Python 中查看列表长度

（2）获取列表中一定索引范围的数据。

获取列表中一定索引范围的数据，使用的关键字也是"lrange"，格式如下：

```
client.lrange(key, 开始索引, 结束索引)
```

例如：

代码 5-7　在 Python 中获取 Redis 列表的多个数据

```
>>> client.lrange('example_list_python', 0, -1)
```

```
[b'\xe7\xac\xac\xe5\x9b\x9b\xe6\x9d\xa1', b'3.0', b'2', b'first', b'python',
b'life is short', b'9', b'8.0', b'seven', b'\xe5\x85\xad']
>>> client.lrange('example_list_python', 4, 4)
[b'python']
>>> client.lrange('example_list_python', 2, 5)
[b'2', b'first', b'python', b'life is short']
>>> client.lrange('example_list_python', -4, -2)
[b'9', b'8.0', b'seven']
```

运行效果如图 5-40 所示。

图 5-40 lrange 查看索引范围

（3）使用 for 循环把数据展开。

lrange 返回的数据是一个列表，列表里面的数据是"bytes"型的数据。可以使用 for 循环把这些数据展开，再转为人可以读懂的字符串。

代码 5-8 Python 获取 Redis 列表的值，并转为人可以读懂的字符串

```
>>> for data in client.lrange('example_list_python', 0, -1):
...     print(data.decode())
...
第四条
3.0
2
first
python
life is short
9
8.0
seven
六
```

运行效果如图 5-41 所示。

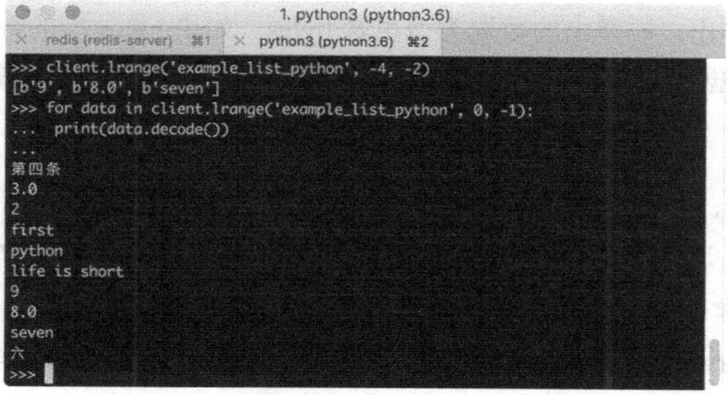

图 5-41 使 lrange 返回的数据容易阅读

（4）从左右侧弹出数据。

从左右侧弹出数据的关键字依然是"lpop"和"rpop"，代码格式如下：

```
client.lpop(key)
client.rop(key)
```

例如以下代码。

代码 5-9　使用 Python 从 Redis 列表中弹出数据

```
>>> word = client.lpop('example_list_python')
>>> type(word)
<class 'bytes'>
>>> print(word)
b'\xe7\xac\xac\xe5\x9b\x9b\xe6\x9d\xa1'
>>> print(word.decode())
第四条
>>> client.rpop('example_list_python').decode()
'六'
```

运行效果如图 5-42 所示。

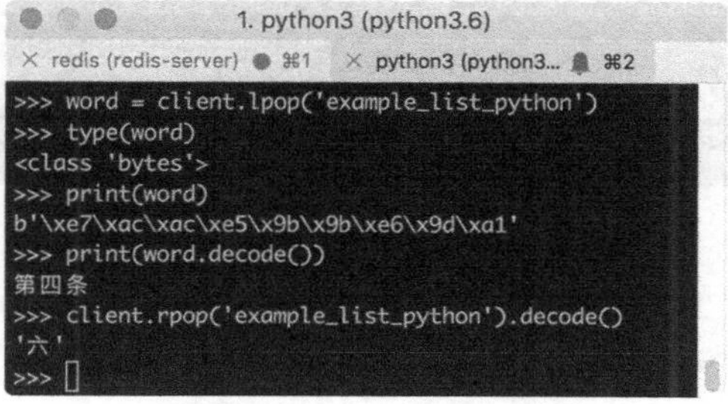

图 5-42 从列表左右侧弹出数据

从图 5-42 可以看出，被弹出的数据类型也是 bytes。如果 bytes 型的数据是中文，则需要把它解码为字符串型数据人才能阅读。弹出数据后，Redis 也会把被弹出的数据删除。

> **提示：**
> 注意图 5-42 中，"第四条"两侧没有引号，但是"六"两侧有单引号。这是 Python 交互环境的显示机制，因为"六"是一个字符串，当在 Python 的交互环境中直接显示字符串时，它就会被引号包起来，提示开发者这个数据是 Python 的字符串。
> 而如果使用"print"函数把一个字符串打印出来，那么 Python 交互环境就会去掉引号，只显示内容本身。
> 所以，这里有无引号仅仅取决于 Python 的交互环境，和 Redis 没有任何关系。

3. 修改数据

在 Python 中，根据索引修改 Redis 列表的数据使用的关键字是 "lset"，代码格式如下：

```
client.lset(key, index, value)
```

例如：

代码 5-10　用 Python 从 Redis 列表中删除数据

```
>>> client.lrange('example_list_python', 0, -1)
[b'3.0', b'2', b'first', b'python', b'life is short', b'9', b'8.0', b'seven']
>>> client.lset('example_list_python', 4, 'talk is cheap')
True
>>> client.lrange('example_list_python', 0, -1)
[b'3.0', b'2', b'first', b'python', b'talk is cheap', b'9', b'8.0', b'seven']
```

运行效果如图 5-43 所示。

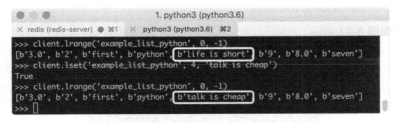

图 5-43　修改列表中的一条数据

5.3.3　列表的应用

在工程上，Redis 列表一般用来作为一个队列，存放一批可以使用相同逻辑处理的数据。

假设，有一个互联网公司，需要在除夕给 10 万个注册用户发送祝福短信。简化起见，假设一台服务器 1 秒钟可以发送一条短信，现有 10 台服务器，需要 2.7 小时来完成任务。为了保证不漏掉一个用户，也不能给一个用户发多条短信，还要实现发送短信失败后进行重试，一个用户最多重试 3 次，那么就可以使用 Redis 的列表来实现。

10 台服务器上面跑同一套程序，这些程序不停地从 Redis 中获取用户手机号，然后调用发送接口。简化版代码如下：

代码 5-11　简易分布式短信发送程序

```
01 import redis
02 import json
03
04 client = redis.Redis(host='xxx.xxx.xx.xx')
05
06 while True:
07     phone_info_bytes = client.lpop('phone_queue')
08     if not phone_info_bytes:
09         print('短信发送完毕！')
10         break
11
12     phone_info = json.loads(phone_info_bytes)
13     retry_times = phone_info.get('retry_times', 0)
14     phone_number = phone_info['phone_number']
15     result = send_sms(phone_number)
16     if result:
17         print(f'手机号：{phone_number} 短信发送成功！')
18         continue
19
20     if retry_times >= 3:
21         print(f'重试超过 3 次，放弃手机号：{phone_number}')
22         continue
23     next_phone_info = {'phone_number': phone_number, 'retry_times': retry_times + 1}
24     client.rpush('phone_queue', json.dumps(next_phone_info))
```

其中，主要代码说明如下。

- 第 4 行代码：如果程序需要连接远程的 Redis，则需要指定 IP，这一点在第 9 章将会讲到。
- 第 8 行代码：对一个空的列表执行 "lpop"，会返回 None，说明所有的短信都已经发送完毕。

- 第 12 行代码：列表中的数据是一段 JSON 格式的字符串，从 Redis 中读取出来后数据类型为 bytes，由于 Python 自带的 json 模块可以处理 bytes 型的数据，因此不需要将其转为普通字符串。
- 第 13 行代码：在初始状态下，phone_info 中的数据形如：{'phone_number': 12345678}，因此使用字典的"get"方法可以防止报错。只有在至少重试一次后，phone_info 中才会出现"retry_times"这个 Key。
- 第 15 行代码：调用"send_sms"接口发送短信，发送成功则返回"True"，发送失败则返回"False"。
- 第 24 行代码：如果发送失败并且重试次数不足 3 次，那么就把数据重新放进 Redis 中"phone_queue"这个列表的右侧。在放进去之前，"retry_times"需要加 1。

10 台服务器同时从 1 台公共的 Redis 列表左侧读取数据。由于 Redis 是一个单线程、单进程的数据库，因此 10 台服务器即使同时对列表执行"lpop"操作，Redis 也会自动让它们排队，一个一个地弹出最左侧的数据。因此，服务器不会读取到相同的数据，这样就可以实现服务器之间分工协作而不用担心重复发送短信的问题。

另外，即使一个手机号发送失败了，把它重新塞入列表，那么不久后另一台服务器就可能又拿到这个手机号并重新发送短信。

在这个例子中，只需要让服务器获取手机号发送短信就可以了，不需要关心具体哪一台服务器给哪一个手机号发送短信，所以可以使用列表来实现。所有服务器都从列表里面取手机号，取到以后用相同的发短信逻辑发送短信即可。Redis 的列表在这个应用中就是一个队列的角色，数据就在里面，谁想要谁就来取。

5.4 集合的创建和修改

集合（Sets）是 Redis 的基本数据结构之一。

Redis 中的集合与列表一样可以存放很多数据，但不同之处在于：集合里面的数据不能重复，也没有顺序。由于没有顺序，所以自然没有方向，不存在"左右侧"之说。

Redis 的集合与 Python 的集合有非常多的相似之处，可以对比学习。集合有 15 条操作命令，本节将介绍其中常用的 9 条命令。

5.4.1 使用 redis-cli 实现

1. 插入数据

集合的首字母为"S"，"添加"的英文为"Add"，所以向集合中添加数据的命令为"sadd"，命令格式如下：

```
sadd key value1 value2 value3
```

key 的命名方式与字符串和列表一样，可以使用数字、字母、下划线和中文，但不建议使用中文。

Value 可以有一个或者多个。如果有多个 Value，则每一个之间使用空格隔开；如果一个 Value 内部本身就有空格，则使用引号把它包起来。

以下为使用示例：

```
sadd example_set hello
sadd example_set 1 2.0 three 四
sadd example_set "thank you" "you are welcome"
```

命令执行效果如图 5-44 所示。

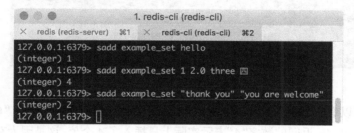

图 5-44　向 Redis 的集合中添加数据

向 Redis 集合中添加数据的过程如图 5-45 所示。

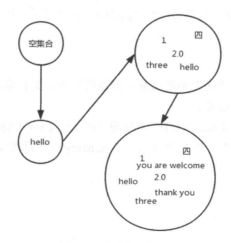

图 5-45　集合插入数据示意图

从图 5-45 可以看出，由于集合里面的数据是没有顺序的，所以：
- 数据插入命令执行的先后顺序无关紧要。
- 在一条命令中，数据位于"value1"还是"value3"也无关紧要。

由于集合的数据是不重复的，如果在一条命令中同一个数据既是"value1"又是"value2"会怎么样？如果多条命令都插入了同一个数据又会怎么样？下面通过实际执行命令来看效果。

```
sadd example_set python golang python C Java
sadd example_set python
```

运行效果如图 5-46 所示。

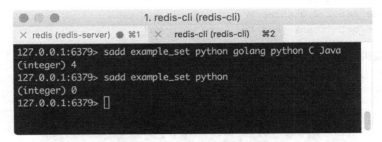

图 5-46　往集合中插入重复数据

从图 5-46 可以看出，第一次尝试插入"python""golang""python""C""Java"一共 5 个值，但实际上，Redis 返回的数字"4"表示实际上只插入了 4 个值。这是因为有两个"python"，集合自动过滤了第 2 个"python"。

接下来单独插入一个值"python"，Redis 返回 0，表示实际上什么数据都没有添加进"example_set"这个集合中。因为原来已经有"python"这个值了，所以，集合不再接收重复的数据。

2．读取数据

集合里面的数据虽然没有顺序也不能重复，但是可以查看集合里面一共有多少个数据。

（1）查询集合里面元素的数量。

查询集合数据量的命令是 scard。其中，首字母"s"是"集合（Sets）"的首字母，"card"不是英文单词"卡片（Card）"，而是"基数（Cardinality）"的缩写。

命令格式如下：

```
scard key
```

例如执行以下命令：

```
scard example_set
```

执行效果如图 5-47 所示，表示集合 "example_set" 中有 11 条数据。

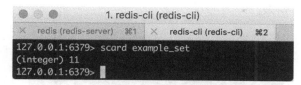

图 5-47　查看集合内部有多少数据

（2）从集合中获取数据。

从集合中获取数据使用的命令为 "spop"。由于集合里面的数据没有顺序，所以 spop 命令会随机获取集合中的数据，无法预测会获取哪一条数据。

"spop" 命令的格式如下：

```
spop key count
```

其中，如果 "count" 省略，则表示随机获取 1 条数据。
- 如果 "count" 为其他大于 1 的整数，则会获取多条数据；
- 如果 "count" 对应的整数超过了集合总数据的条数，则获取集合中的所有数据，例如：

```
spop example_set
spop example_set 3
spop example_set 1000
```

运行效果如图 5-48 所示。获取一条数据后，这一条数据就被会被从集合中删除。

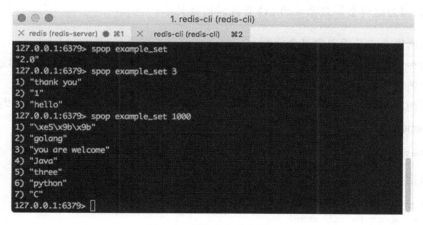

图 5-48　从集合中弹出数据

（3）获取集合中的所有数据。

如果要获取所有数据，则可以使用以下命令：

```
smembers key
```

运行效果如图 5-49 所示。

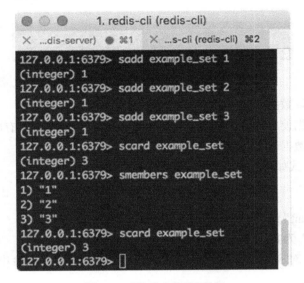

图 5-49 获取集合的所有数据

> **提示：**
> smembers 命令不会删除数据。但是如果集合里的数据量极大，就应该慎重使用"获取所有数据"，因为这样会导致系统的 I/O 资源瞬间被耗尽。

（4）判断集合中是否包含某个元素。

sadd 命令在遇到数据已经存在时，会返回"0"，如果数据不存则把数据插入再返回"1"。所以，这一条命令可以通过返回的数字来判断数据是否存在。

如果不想把数据插入集合，只是单纯想检查数据是否在集合中，那就要使用"sismember"命令。"sismember"命令的使用格式如下：

```
sismember key value
```

如果数据存在，则返回"1"；如果数据不存在，则返回"0"。例如：

```
sismember example_set 2
sismember example_set xxxx
```

运行效果如图 5-50 所示，如果看到"2"则表示数据是已经存在的，而如果看到"xxxx"则表示数据是不存在的。

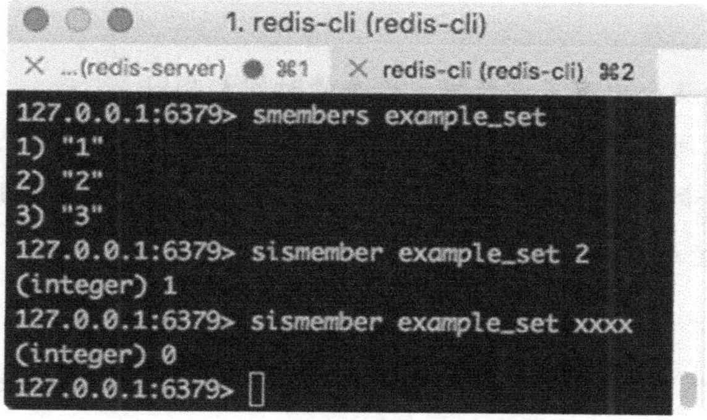

图 5-50　检查数据是否在集合中

3. 删除数据

如果要从集合中删除特定的数据，可以使用命令 "srem"，格式为：

```
srem key value1 value2 value3
```

例如：

```
srem example_set 2
```

运行效果如图 5-51 所示。

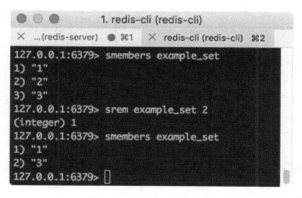

图 5-51　从集合中删除数据

> 📑 **提示：**
> 从效果上看，检查数据是否在集合中且不把数据添加进集合中有两种写法：
> （1）直接使用 "sismember" 命令。
> （2）使用 "sadd" 命令，如果返回 "1"，则再使用 "srem" 命令把添加的这一条数据移除。

它们的区别在于：
- 方式（1）不论集合中有多少数据，检查的时间都相同。
- 方式（2）的时间会随着集合中数据量的增加而增加。
- 方式（2）有两步，假设刚刚执行了第一条命令，还没有来得及删除数据，此时另一台服务器又去检查这个数据是否存在，就会导致结果出错。

4．集合的交集

在数学中，"集合"包括"交集""并集""差集"的概念。在 Redis 的集合中也存在这样的概念。

有两个集合 A 和 B。交集是指，既属于 A，又属于 B 的数据构成的集合。

假设：A 集合中的内容为{1, 'C', 'three', 'python', 2, '三'}，

B 集合中的内容为{9, 8.0, 'VI', '七', 'python', 2}。

则：A 与 B 的交集就是{2, 'python'}，如图 5-52 中的阴影部分所示。

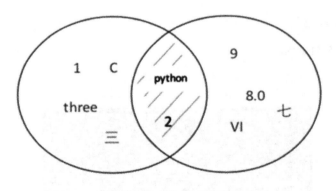

图 5-52　阴影部分为交集

在 Redis 中，求集合交集使用的命令为"sinter"，命令格式如下：

```
sinter key1 key2 key3
```

如果有多个 key，那么就是求所有 key 对应的集合的交集。实例代码如下：

```
sadd set_1 1, 2 python three C 三
sadd set_2 9 8.0 七 VI python 2
sinter set_1 set_2
```

运行效果如图 5-53 所示。

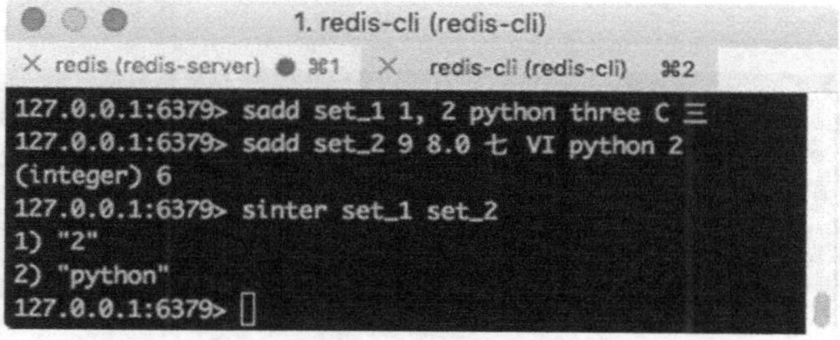

图 5-53 求集合的交集

5. 集合的并集

集合的"并集"是指，只属于集合 A 的数据与只属于集合 B 的数据，以及既属于 A 又属于 B 的数据构成的集合，集合 A 与集合 B 都有的数据需要去重。

假设：A 集合中的内容为{1, 'C', 'three', 'python', 2,'三'}，

B 集合中的内容为{9, 8.0, 'VI', '七', 'python', 2}。

则：A 与 B 的并集就是{1, 'C', 'three', 'python', 2,'三', 9, 8.0, 'VI', '七'}，如图 5-54 中的阴影部分所示。

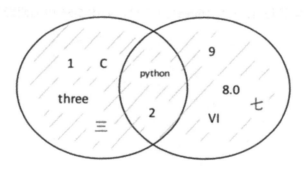

图 5-54 阴影部分为并集

求集合并集使用的命令为"sunion"，命令格式如下：

```
sunion key1 key2 key3
```

如果有超过两个 key，那么就是求所有集合的并集。实例代码如下：

```
sadd set_4 9 8.0 七 VI python 2
sadd set_3 1, 2 python three C 三
sunion set_3 set_4
```

运行效果如图 5-55 所示。

```
127.0.0.1:6379> sadd set_4 9 8.0 七 VI python 2
(integer) 6
127.0.0.1:6379> sadd set_3 1, 2 python three C 三
(integer) 6
127.0.0.1:6379> sunion set_3 set_4
 1) "8.0"
 2) "C"
 3) "2"
 4) "three"
 5) "VI"
 6) "9"
 7) "\xe4\xb8\x89"
 8) "python"
 9) "1,"
10) "\xe4\xb8\x83"
127.0.0.1:6379>
```

图 5-55　求集合的并集

6．集合的差集

集合的"差集"是指，只属于一个集合，不属于其他集合的数据构成的集合。

假设：A 集合中的内容为 $\{1, \text{'C'}, \text{'three'}, \text{'python'}, 2, \text{'三'}\}$，

　　　　B 集合中的内容为 $\{9, 8.0, \text{'VI'}, \text{'七'}, \text{'python'}, 2\}$。

则：A 与 B 的差集就是 $\{1, \text{'C'}, \text{'three'}, \text{'三'}\}$，如图 5-56 中的阴影部分所示。

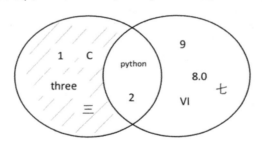

图 5-56　阴影部分为集合 A 对集合 B 的差集

求集合差集使用的命令是"sdiff"，命令格式如下：

```
sdiff key1 key2 key3
```

意思是，求所有只在 key1 对应的集合中有，在 key2、key3……集合中没有的数据构成的集合。实例代码如下：

```
sadd set_5 1, 2 python three C 三
sadd set_6 9 8.0 七 VI python 2
sdiff set_5 set_6
```

运行效果如图 5-57 所示。

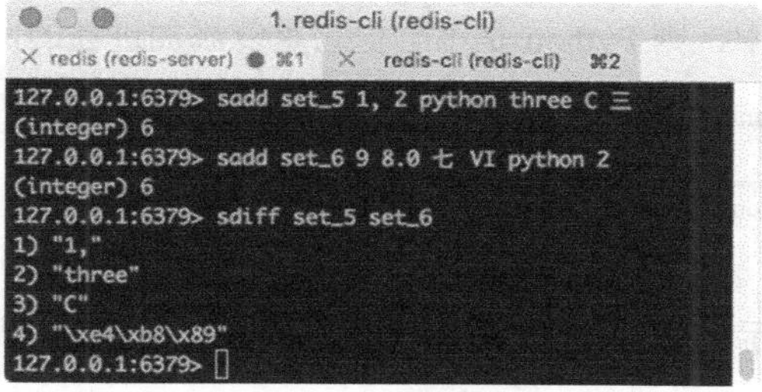

图 5-57 求集合的差集

5.4.2 使用 Python 实现

使用 Python 操作 Redis 集合相关的关键字与 redis-cli 的命令完全相同,唯一的差别在于参数的传入方式。

1. 插入数据

使用 Python 向 Redis 集合中添加数据,用到的关键字是"sadd"。实例代码如下:

代码 5-12　在 Python 中向 Redis 集合插入数据

```
>>> import redis
>>> client = redis.Redis()
>>> client.sadd('example_set_python', 'hello')
1
>>> client.sadd('example_set_python', 1, 2.0, 'three')
3
>>> datas = [9, 8.0, 'seven', 'VI']
>>> client.sadd('example_set_python', *datas)
4
```

代码返回的数字表示当前添加了几条数据。运行效果如图 5-58 所示。

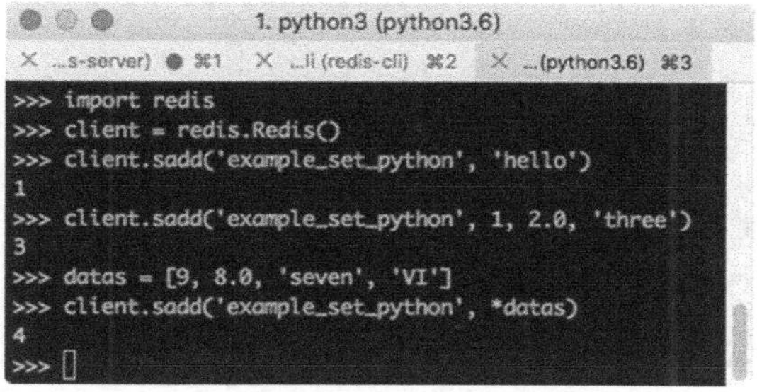

图 5-58　使用 Python 添加数据到集合中

如果数据已经在集合中，则 Python 是不会把它重复添加进去的，见下方代码：

```
>>> client.sadd('example_set_python', 'some_data')
1
>>> client.sadd('example_set_python', 'some_data')
0
```

运行效果如图 5-59 所示。在数据不存在时添加，则返回 1；在数据已经存在时添加，则返回 0。

图 5-59　添加重复数据返回 0

2. 读取数据

使用关键字"scard"可以查看集合中数据的条数，使用关键字"spop"可以从集合中随机获取一条数据。

代码 5-13　在 Python 中读取 Redis 集合的数据

```
>>> client.scard('example_set_python')
10
>>> client.spop('example_set_python')
b'some_data'
>>> client.spop('example_set_python')
b'2.0'
>>> client.scard('example_set_python')
8
```

运行效果如图 5-60 所示。获取的数据均为 bytes 型数据。

图 5-60　获取集合数据条数与弹出数据

提示：

在 Python 中，"spop" 关键字没有 "count" 参数，因此一次只能获取一条数据，不能一次性获取多条数据。如果要一次获取多条数据，则可以使用循环来实现，见代码 5-13。

代码 5-13　使用循环从 Redis 集合中获取数据

```
>>> client.scard('example_set_python')
8
>>> for _ in range(3):
...     client.spop('example_set_python')
...
b'1'
b'some data'
b'VI'
>>> client.scard('example_set_python')
5
```

运行效果如图 5-61 所示。

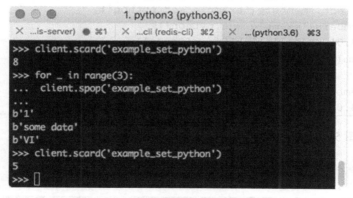

图 5-61　使用循环来间接获取多条数据

获取集合所有数据的关键字为 "smembers"。以下是一个示例：

代码 5-14　获取 Redis 集合中的全部数据

```
>>> client.smembers('example_set_python')
{b'seven', b'8.0', b'hello', b'9', b'three'}
>>> datas = client.smembers('example_set_python')
>>> type(datas)
<class 'set'>
```

运行效果如图 5-62 所示。

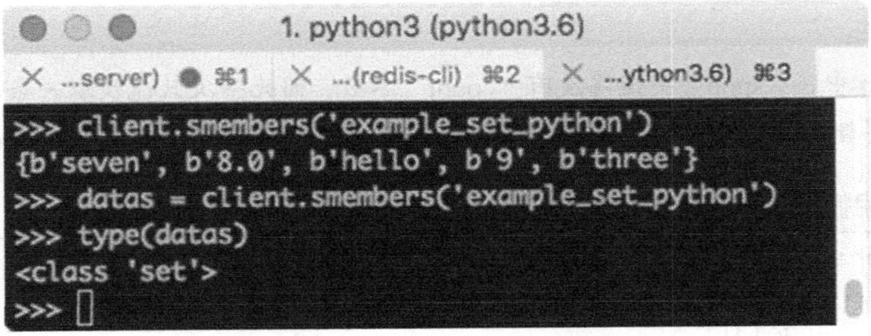

```
>>> client.smembers('example_set_python')
{b'seven', b'8.0', b'hello', b'9', b'three'}
>>> datas = client.smembers('example_set_python')
>>> type(datas)
<class 'set'>
>>>
```

图 5-62　获取集合中的全部数据

从图 5-62 可以看出，关键字"smembers"返回的数据格式是 Python 中的"集合（set）"，且里面的每一个数据都是 bytes 型数据。

3. 删除数据

从集合中移除数据使用的关键字为"srem"。以下是一个示例：

代码 5-15　从 Redis 集合中删除数据

```
>>> datas = client.smembers('example_set_python')
>>> client.smembers('example_set_python')
{b'seven', b'8.0', b'hello', b'9', b'three'}
>>> client.srem('example_set_python', 'hello')
1
>>> client.smembers('example_set_python')
{b'seven', b'8.0', b'three', b'9'}
```

运行效果如图 5-63 所示。

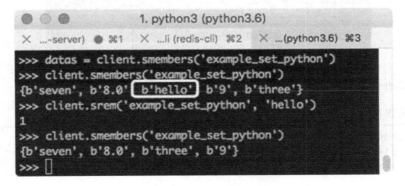

图 5-63　从集合中移除数据

4．集合的运算

交集、并集和差集用到的关键字和 redis-cli 中的命令是一样的，分别是"sinter""sunion"和"sdiff"。以下是一个实例。

代码 5-16　使用 Python 计算 Redis 的集合的交集并集和差集

```
>>> client.sadd('set_python_1', 1, 2, 3, 4, 5)
5
>>> client.sadd('set_python_2', 4, 5, 6, 7)
4
>>> client.sinter('set_python_1', 'set_python_2')
{b'4', b'5'}
>>> client.sunion('set_python_1', 'set_python_2')
{b'4', b'5', b'2', b'6', b'1', b'3', b'7'}
>>> client.sdiff('set_python_1', 'set_python_2')
{b'1', b'3', b'2'}
>>> client.sdiff('set_python_2', 'set_python_1')
{b'7', b'6'}
```

运行效果如图 5-64 所示。

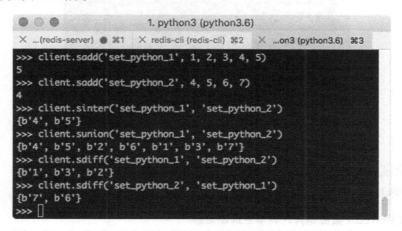

图 5-64　在 Python 中求交集、并集和差集

> **提示：**
> 求差集时，参数的顺序是很重要的，最后的结果是用第 1 个 Key 对应的集合中的数据扣除后面的 Key 对应的集合中的数据。

5.4.3 集合的应用

在工程中，Redis 的集合一般有两种用途：

（1）根据集合内数据不重复的特性实现去重并记录信息。

（2）利用多个集合计算交集、并集和差集。

假设，要做一个学生选课情况实时监控系统，则需要实时知道以下几个数据：

（1）当前一共有多少学生至少选了一门课。

（2）选了 A 课没有选 B 课的学生有多少。

（3）既选了 A 课又选了 B 课的学生有多少。

（4）A、B 两门课至少选了一门的学生有多少。

使用集合可以轻易实现这样的功能。每一门课作为一个集合，里面的值就是每一个学生的学号，如图 5-65 所示。

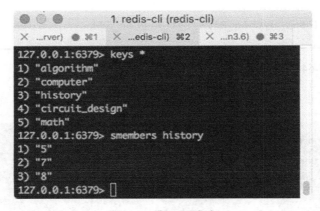

图 5-65　模拟课程集合

通过求交集并集和差集就能实现上面的要求了。

主要代码如下：

代码 5-17　使用 Redis 集合运算计算学生选课信息

```
01 import redis
02
03 client = redis.Redis(host='xx.xx.xx.xx')
04 all_class = ['algorithm',
05              'computer',
06              'history',
07              'circuit_design',
08              'math']
```

```
09
10
11  def all_student():
12      students = client.sunion(*all_class)
13      return len(students)
14
15
16  def in_a_and_in_b(class_a, class_b):
17      students = client.sinter(class_a, class_b)
18      return len(students)
19
20
21  def in_a_not_in_b(class_a, class_b):
22      students = client.sdiff(class_a, class_b)
23      return len(students)
24
25
26  def in_a_or_in_b(class_a, class_b):
27      students = client.sunion(class_a, class_b)
28      return len(students)
29
30
31  if __name__ == '__main__':
32      print(f'当前一共有{all_student()}名学生至少选了一门课。')
33      print(f'当前选了math,没有选computer的学生有:{in_a_not_in_b("math", "computer")}名学生至少选了一门课。')
34      print(f'当前选了math,也选computer的学生有:{in_a_and_in_b("math", "computer")}名学生至少选了一门课。')
35  print(f'当前选了math,或者选computer的学生有:{in_a_or_in_b("math", "computer")}名学生至少选了一门课。')
```

其中,第 31 行代码表示:只有在这个程序被直接运行时才运行下面的四行代码;如果是被其他代码作为模块带入,则不运行后面的四行代码。

本章小结

本章主要介绍了 Redis 的安装和三种基本数据结构——字符串、列表和集合的使用。在学习这三种数据结构时,建议读者使用 Python 来操作,同时设想一些使用场景来帮助自己更好地理解。

第 6 章

实例12：用Redis开发一个聊天室网站

在学习了 Redis 的基本数据结构后，为了巩固所学，本章将带领读者完成一个实战项目——开发一个基于 Redis 的简易聊天室网站。本项目会考察第 5 章的学习情况，并引入一个新的知识点。

6.1 了解实例的最终目标

本实例的结果是以网页形式呈现的，读者只需要完成整个系统中关于 Redis 操作的这一部分代码的开发即可。

实例描述

开发一个建议聊天室网站。这个网站分为两个页面——登录页面与聊天室页面。登录页面如图 6-1 所示。在登录页面中输入昵称并单击"登录"按钮，则进入聊天室页面，如图 6-2 所示。

图 6-1 登录页面

图 6-2 聊天室页面

其中包括三个功能点。

1. 检查昵称防止重复

如果昵称已经被别人使用，那么单击"登录"按钮后会弹出提示框，如图 6-3 所示。

2. 自动保存登录信息

如果没有登录而直接访问 http://127.0.0.1:5000/room，则自动跳转到登录页面。但如果已经登录过一次，则即使关闭浏览器后再打开，也可以直接访问 http://127.0.0.1:5000/room，不需要重新输入昵称登录。

3. 限制同一用户短时间发送重复信息

在聊天室页面中，同一个用户的在两分钟之内不能发送同样的信息，否则会弹出警告（如图 6-4 所示），且发送的信息无效。

图 6-3　昵称不能重复否则无法进入聊天室页面　　图 6-4　两分钟内同一个用户不能发送同样的内容

6.2　准备工作

6.2.1　了解文件结构

读者拿到的初始目录结构如下。

```
|       └── RedisUtil.cpython-36.pyc
├── main.py
├── static
│   ├── css
│   │   ├── spectre-icons.css
│   │   └── spectre.min.css
│   └── js
│       ├── jquery-3.3.1.min.js
│       ├── js.cookie.js
│       ├── login.js
│       └── room.js
├── templates
│   ├── base.html
│   ├── chatroom.html
│   └── index.html
├── your_code_here
└── RedisUtil.py
```

其中主要文件说明如下。

- Pipfile 与 Pipfile.lock：Pipenv 配置运行环境的文件。用来记录项目所需要的第三方库。
- answer 文件夹下的 RedisUtil.py：本项目的参考答案。读者在自己完成项目后可以将自己的代码与参考代码进行对比。
- main.py、static、templates 文件夹：本项目网站后台和前台的相关代码，读者不需要关心。

读者只需要修改 your_code_here 文件夹下的 RedisUtil.py 就能完成本项目。

6.2.2 搭建项目运行环境

搭建项目所需的运行环境的步骤如下。

（1）通过 macOS/Linux 终端或者 Windows 的 DOS 窗口进入本项目的文件夹（例如：~/mongoredis/chapter_project_2 或者 C:\mongoredis\chapter_project_2）。

（2）执行以下命令安装项目运行所需的 Python 环境：

```
pipenv install
```

（3）安装过程如图 6-5 所示。

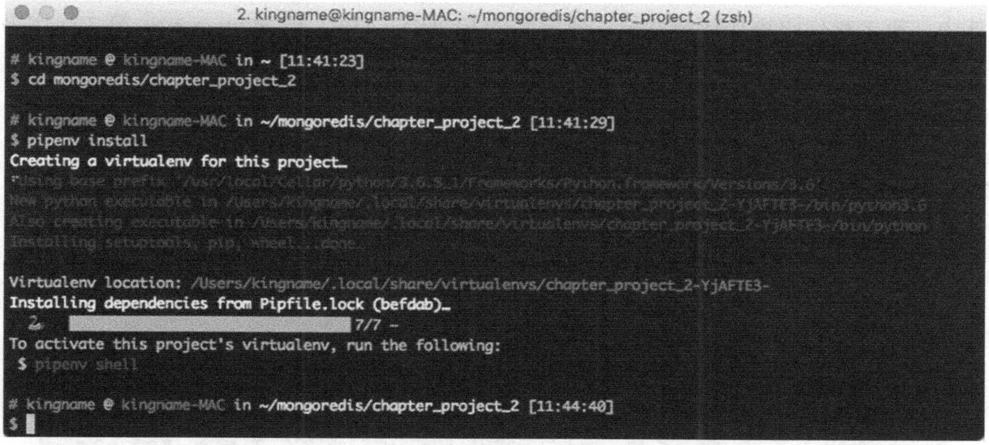

图 6-5 安装项目运行环境

（4）安装完成后，执行以下命令进入虚拟环境：

```
pipenv shell
```

虚拟环境如图 6-6 所示。

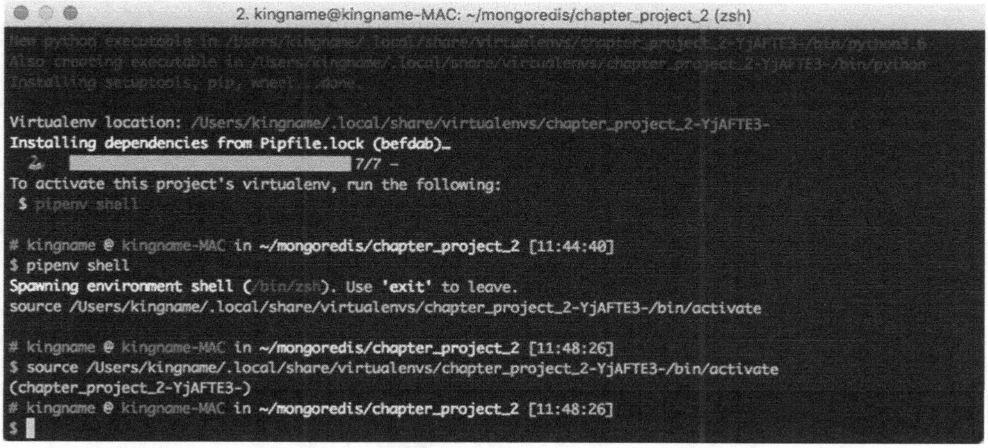

图 6-6 进入虚拟环境

（5）运行网站。

- 如果是 macOS/Linux，则输入以下命令运行网站：

```
export FLASK_APP=main.py
flask run
```

其中，第 1 行代码添加环境变量，变量名为 FLASK_APP，值为 mian.py；第 2 行代码通过 flask 启动网站。

- 如果是 Windows，则输入以下命令运行网站：

```
set FLASK_APP=main.py
flask run
```

运行效果如图 6-7 所示。

图 6-7 启动网站

（6）打开浏览器，输入网址：http://127.0.0.1:5000，可以看到如图 6-1 所示的页面。此时，无论输入任何昵称，则会提示昵称已经被占用，无法进入聊天室页面，如图 6-8 所示。

图 6-8 提示昵称已经被占用

（7）打开 your_code_here 文件夹下的 RedisUtil.py 文件，读者看到的初始代码如图 6-9 所示。

图 6-9　RedisUtil.py 初始代码

读者需要实现 RedisUtil 类下的各个方法，从而使聊天网站可以正常工作。所有需要读者修改的地方在代码注释中都已经作了提示。

6.3　项目开发过程

6.3.1　实现登录功能 1：创建 Redis 的连接实例

1. 登录过程的逻辑原理

（1）用户输入昵称并单击"登录"按钮。

（2）网站在 Redis 集合中检查昵称是否存在：
- 如果昵称存在，则提示用户昵称已称存在，不能登录。
- 如果昵称不存在，则把昵称添加到集合中，防止其他人再使用这个昵称。

（3）基于昵称与当前时间戳生成 Token。

（4）把昵称与 Token 保存到 Redis 中，以便再次查询。

（5）把昵称与 Token 设置到浏览器 Cookies 中，以便今后进入聊天界面时免去登录过程。

2．具体实现过程

要使用 Redis，首先需要创建 Redis 的连接实例。把创建连接实例的代码写在__init__()方法中，以便在整个 RedisUtil 类中进行调用。

修改 RedisUtil 类的__init__()方法，连接本地到 Redis，见代码 6-1。

代码 6-1　初始化 Redis 连接实例

```
01    def __init__(self):
02        self.chat_room_nick_set = 'chat_room_nick_set'
03        self.cookie_nick = 'cookie-{}'
04        self.chat_list = 'chat_list'
05
06        # 你需要在这里初始化 Redis
07        self.client = redis.Redis()
```

其中，主要代码说明如下。

- 第 2～4 行代码：初始化一些固定的字符串，这些字符串将要作为 Redis 的 Key 使用。
- 第 7 行代码：连接本地 Redis。

修改后的代码如图 6-10 所示。

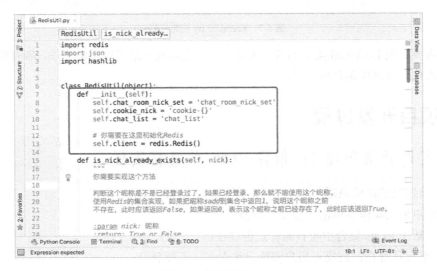

图 6-10　连接本地 Redis

6.3.2　实现登录功能 2：实现"检查昵称是否重复"功能

要检查昵称是否重复，则用到的是 Redis 的"集合"这个数据结构。

向集合中添加一条内容：

- 如果返回 1，则表示这条内容原来不在集合中。
- 如果返回 0，则表示集合里面已经有这条内容了。

1. 实现"判断昵称是否重复"的方法

根据 is_nick_already_exists()方法注释的提示，完善这个方法。见代码 6-2。

代码 6-2　使用 Redis 集合判断昵称是否重复

```
01  def is_nick_already_exists(self, nick):
02      """
03      你需要实现这个方法
04
05      判断这个昵称是不是已经登录过了。如果已经登录，那么就不能使用这个昵称
06      使用 Redis 的集合结构来实现：如果把昵称 sadd 到集合中返回 1，说明这个昵称之前不存在，
07      此时应该返回 False；如果返回 0，表示这个昵称之前已经存在了，此时应该返回 True
08
09      :param nick: 昵称
10      :return: True or False
11      """
12      is_flag = self.client.sadd(self.chat_room_nick_set, nick)
13      if is_flag == 1:
14          return False
15      return True
```

其中，主要代码说明如下：

- 第 12 行，调用集合的"sad"命令，把昵称添加到 Key 为 self.chat_room_nick_set 这个属性值的集合中。
- 第 13～15 行，判断 Redis 返回的数字。如果返回数字为 1，则表示原来集合没有这个昵称，此时这个方法需要返回 False；如果返回的数字不是 1，则说明原来已经有这个昵称了，这个方法就会返回 True。

修改完成的代码如图 6-11 所示。

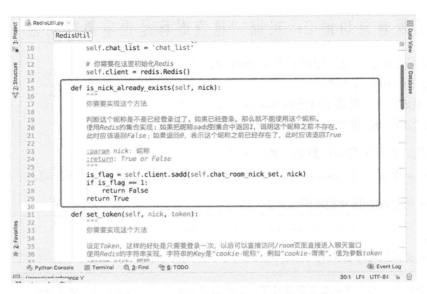

图 6-11　修改 is_nick_already_exists 方法

2．测试"昵称判重"功能

修改完成后，重启网站，再次尝试登录。

可以发现，验证昵称是否重复的功能已经正常。不会再出现输入任何昵称都提示昵称已经存在的问题了。但问题是，即使输入一个全新的昵称，网站也不会进入聊天室页面，而是闪一下后继续留在登录页面。

6.3.3　实现登录功能 3：实现"设置和获取 Token"功能

所谓 Token，本质上就是一段用来验证身份的字符串。

在本项目中，Token 是昵称加上当前时间戳并转换为 MD5 后的值。

设置与获取 Token 对应的是 set_token()方法和 get_token()方法。这两个方法本质上就是在 Redis 添加字符串和读取字符串。

保存 Token 的字符串，Key 为"cookie-昵称"（例如"cookie-王小一"），字符串的值为 Token，每一个昵称对应一个字符串。

1．实现设置 Token 的方法

修改 set_token()方法后的代码如下：

代码 6-3　使用 Redis 字符串记录 Token 信息

```
01 def set_token(self, nick, token):
```

```
02      """
03      你需要实现这个方法
04
05      设定 Token，这样的好处是只需要登录一次，以后可以直接访问/room 页面直接进入聊天窗口
06      使用 Redis 的字符串实现，字符串的 Key 是"cookie-昵称"，例如"cookie-青南"，值为参
        数 token
07      :param nick: 昵称
08      :param token: md5 字符串
09      :return: None
10      """
11      key = self.cookie_nick.format(nick)
12      self.client.set(key, token)
```

其中，主要代码说明如下。
- 第 11 行代码：拼接出完整的字符串 Key。
- 第 12 行代码：在 Redis 中设置 Key 和对应的 Token。

2. 实现获取 Token 的方法

修改 get_token 方法后的代码如下：

代码 6-4 从 Redis 中读取 Token 信息

```
01  def get_token(self, nick):
02      """
03      你需要实现这个方法
04
05      从"cookie-昵称"这个 Key 中获取 token 并返回
06
07      使用 Redis 的字符串实现，字符串的 Key 为 "cookie-昵称"，例如 "cookie-青南"
08      如果这个 Key 存在就获取它的值并返回，如果这个 Key 不存在就返回 None
09      :param nick: 昵称
10      :return: None 或者 Token 字符串
11      """
12      key = self.cookie_nick.format(nick)
13      token = self.client.get(key)
14      return None if not token else token.decode()
```

其中，主要代码说明如下。
- 第 12 行代码：拼出这个昵称对应的字符串 Key。
- 第 13 行代码：从 Redis 中读取这个 Key 的值。
- 第 14 行代码：如果这个 Key 不存在，则返回 None；如果 Key 存在，则把 Key 对应的

bytes 型的数据解码为字符串后返回。

修改后的代码如图 6-12 所示。

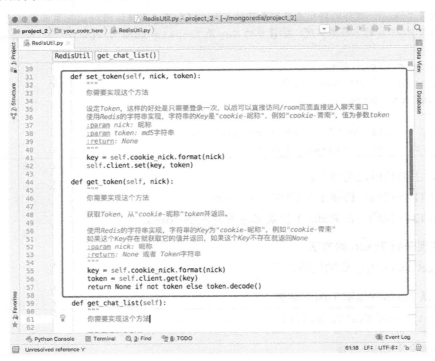

图 6-12　修改 set_token() 方法和 get_token() 方法

3. 测试登录功能

修改完成后，重启网站，再次尝试使用新的名字登录，发现已经可以正常进入聊天室页面了，如图 6-13 所示。

图 6-13　成功登录聊天室页面

但是聊天窗口始终没有任何信息显示，发送信息也没有效果。

> **提示：**
>
> 为什么需要 Token？
>
> 网页基于 HTTP 协议，而 HTTP 协议是没有状态的。什么叫作没有状态？就是某个用户访问了两个页面，但是网站并不知道这两次访问来自同一个人。该用户访问登录页面是一次请求，访问聊天室页面是另一个请求，网站怎么知道访问聊天室的这个人就是刚刚登录的那个人呢？
>
> 为了让这种"没有状态"变得"有状态"，就引入了一个叫作 Cookies 的东西。Cookies 本质上是一小段文本信息，浏览器发送每一个请求都带上这段文本信息，于是网站看到两次请求都有相同的 Cookies，就知道这两次请求来自同一个人。
>
> 例如，一个用户用昵称"青南"进行登录，网站收到这个登录请求后，就给这个浏览器返回一段 Cookies："这个人是青南"。然后，浏览器每次访问这个网站的其他页面都会带上这一段话。当这个用户访问聊天室页面时，网站先检查 Cookies，发现 Cookies 中有"这个人是青南"，所以网站就知道这个用户之前是登录过的，直接让他浏览聊天室页面。
>
> 如果现在来了一个坏人，他先用"坏人"这个昵称登录网站，网站本来返回给他的 Cookies 是："这个人是坏人"。但是这个坏人强行把浏览器的 Cookies 修改了，改成了"这个人是青南"。于是他就可以用青南的身份招摇撞骗。这叫作"Cookies 欺骗"。
>
> 为了防止 Cookies 欺骗，网站在用户第一次请求时，会根据用户昵称和当前时间戳生成一个密码，网站先把这个密码保存到自己身边，然后再设置到这个用户的浏览器 Cookies 中。这样一来，昵称和密码必需一一对应才能正常访问网站。当用户再次访问聊天室页面时，网站会从 Cookies 中读出昵称和这个密码，然后与自己保存的密码进行对比，发现匹配才让这个用户正常访问聊天室页面。这就是防止 Cookies 欺骗最简单的办法。因为修改昵称很容易，但是知道这个密码就很难。
>
> 这个密码就是 Token。
>
> Token 与我们平时的银行卡密码、QQ 密码不同的地方在于：
> - Token 是网站生成并返回给我们的，我们只需要记住就可以了。
> - 银行卡密码和 QQ 密码是我们自己生成的。

6.3.4 实现聊天室页面 1：实现"获取聊天消息"功能

从本小节开始实现聊天室页面。

1. 开发 Redis 列表中获取聊天消息的方法

聊天消息保存在 Redis 中名为 "chat_list" 的列表中,新的消息在列表右侧,旧的消息在列表左侧。每次返回最右侧的 20 条信息。

获取聊天消息对应的方法为 get_chat_list()。修改这个方法可以获取消息列表,见代码 6-5。

代码 6-5　获取聊天记录

```
01  def get_chat_list(self):
02      """
03      你需要实现这个方法
04  
05      获取聊天消息列表
06      使用 Redis 的列表实现。Key 为 self.chat_list 属性中保存的字符串,可以直接使用
07      获取列表右端 20 条信息,但不要删除
08  
09      需要注意,从 Redis 中获取的数据一个列表,列表里面是 bytes 型的字符串,所以需要
10      先把这个列表展开,把里面的 bytes 型的字符串解密为普通字符串后再用 json 解析为
11      字典。接下来讲解析出来的字典放入一个新的列表中。最后返回新的列表
12      :return: 包含字典的列表
13      """
14      chat_list = self.client.lrange(self.chat_list, -20, -1)
15      chat_info_list = []
16      for chat in chat_list:
17          chat_info = json.loads(chat.decode())
18          chat_info_list.append(chat_info)
19      return chat_info_list
```

其中,主要代码说明如下。

- 第 14 行代码:使用列表的 "lrange" 命令获取但不删除列表中的信息。-20 表示从右往左数第 20 条信息,-1 表示最右边的信息。
- 第 16~18 行代码:由于 lrange 返回的数据是包含 bytes 型数据的列表,所以需要把列表里的每一条 bytes 的数据先解码为字符串,再用 JSON 模块解析为字典。
- 第 19 行代码:将最终生成的包含字典的列表返回。

修改后的代码如图 6-14 所示。

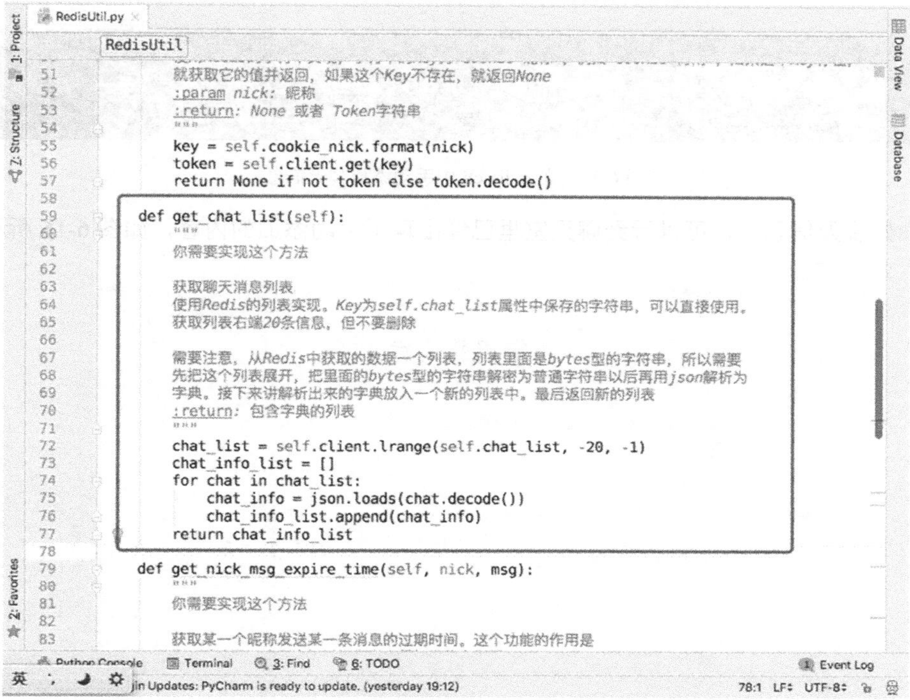

图 6-14　获取聊天信息

2. 手动添加测试数据

修改完成代码后重启网站，可以看到聊天室消息还是一片空白。现在，人工向 Redis 中添加几行数据：

代码 6-6　手动向 Redis 中添加聊天信息

```
01  127.0.0.1:6379> lpush chat_list '{"msg": "我是人工添加的消息", "nick": "青南
    ", "post_time": "2018-07-22 16:15:00"}'
02  (integer) 1
03  127.0.0.1:6379> lpush chat_list '{"msg": "我是青南的助手", "nick": "青南的助
    手", "post_time": "2018-07-22 16:15:00"}'
04  (integer) 2
05  127.0.0.1:6379>
```

在 redis-cli 手动添加聊天信息，如图 6-15 所示。

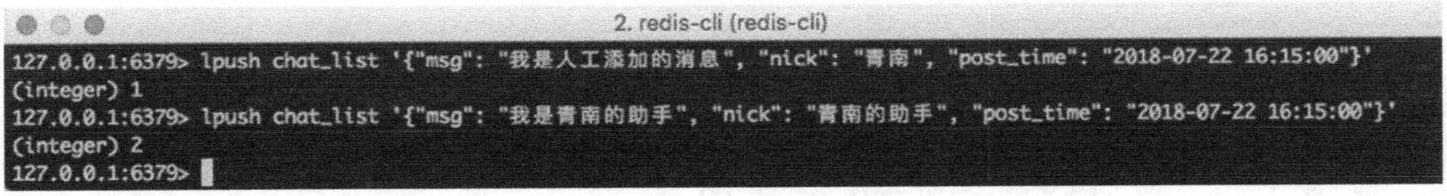

图 6-15　在 redis-cli 中手动添加聊天信息

添加好聊天信息后，可以看到聊天室里已经出现了手动添加的内容，如图 6-16 所示。

图 6-16　手动添加的内容已经出现在聊天窗口

6.3.5　实现聊天室页面 2：实现"发送新信息"功能

发送新信息的原理非常简单，把新信息字典转换为 JSON 格式并存入 chat_list 列表的右侧即可。

1．实现发送消息的方法

发送消息对应的方法为 push_chat_info()，下面完善它的代码：

代码 6-7　实现发送新信息的功能

```
01  def push_chat_info(self, chat_info):
02      """
```

```
03        把聊天信息存入列表的右侧
04
05        使用Redis的集合实现，对应的Key为self.chat_list中保存的字符串
06        把chat_info字典先转化为JSON字符串，再存入Redis中列表中
07
08        为了防止列表消息太长，因此需要使用ltrim命令删除多余的信息，只保留列表最右侧的20条
09
10        :param chat_info: 字典，格式为{'msg': '信息', 'nick': '青南', 'post_time':
   '2018-07-22 10:00:12'}
11        :return: None
12        """
13        self.client.rpush(self.chat_list, json.dumps(chat_info))
14        self.client.ltrim(self.chat_list, -20, -1)
```

其中，主要代码说明如下。
- 第13行代码：先把聊天信息对应的字典转换为JSON字符串，然后添加到列表的右侧。
- 第14行代码：chat_list列表只保留最右侧的20条，将多余的信息全部删除。

提示：

这里引入一个新的知识点——列表的"ltrim"命令。

这个命令的作用是从列表里面删除保留一段数据并删除其他数据。

代码第14行调用"ltrim"命令，传入了3个参数：
- 第1个参数是列表的Key。
- 第2个参数是保留数据起始位置。
- 第3个参数是保留数据截至位置。

所以，这一行代码的作用是：除了从右边开始数第20条数据(含)到右边第1条数据(含)外，删除列表中的其他数据。

在本项目中，使用"ltrim"是为了节约服务器内存，加速读取列表的时间。这并不是必需的。如果服务器内存足够或者信息不多，也可以不删除。

修改后的代码如图6-17所示。

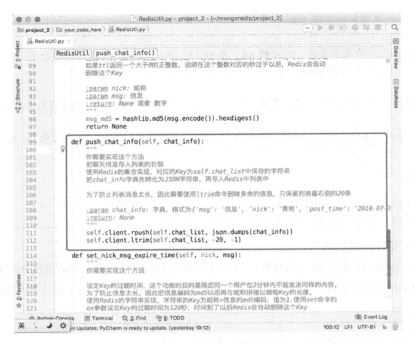

图 6-17 实现发布新信息的功能

2．测试发消息功能

修改完成代码后网站，可以看到发帖功能已经正常，如图 6-18 所示。

图 6-18　发帖功能开发完成

到目前为止，基本功能都已经开发完成。但还有一个小问题需要解决：如果不限制同一个用户发送同一条信息的频率，可能会出现一个用户短时间发送大量相同信息的刷屏的行为（如图 6-19 所示）。

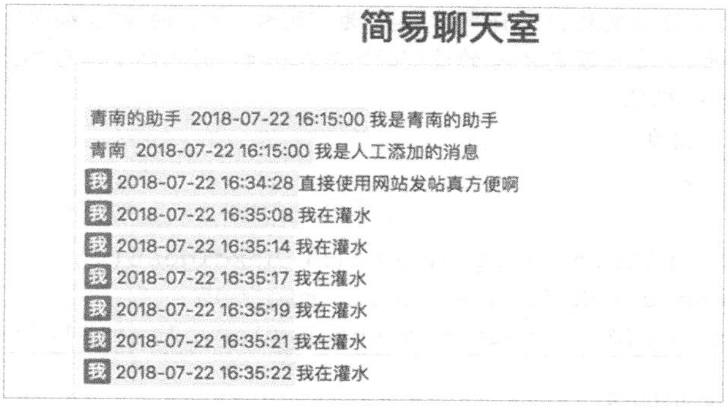

图 6-19　用户无限制刷屏

6.3.6　实现聊天室页面 3：设定"刷屏检查字符串"

本项目将会限制同一个昵称发送完全相同信息的频率。两次完全相同的信息的发送时间间隔不少于 120 秒。

1．理解限制刷屏的原理

Redis 天然就具有实现这一功能的能力。在 Redis 中，Key 可以设置过期时间。时间到了后 Redis 会自动删除这个 Key。

那么如果设置一个字符串呢？Key 为："昵称-发言内容"，例如"青南-我在灌水"。然后把这个 Key 的过期时间设置为 120 秒。这个字符串的值无所谓，随便设置为什么都可以。那么：如果要这个 Key 在 Redis 中，则说明这个用户昵称在 120 秒内已经发送过这条信息了；如果这个 Key 不在 Redis 中，则说明这个用户从来没有发送过这条信息，或者发送已经超过了两分钟，Key 被 Redis 自动删除了。

而且，Redis 可以使用"ttl"命令查询一个 Key 的过期时间还剩多少秒，这样还可以实现提醒功能。

2．实现限制刷屏的方法

设置 Key 的过期时间的方法为 set_nick_msg_expire_time()，修改代码如下：

代码 6-8　实现防止刷屏的功能

```
01  def set_nick_msg_expire_time(self, nick, msg):
02      """
03      你需要实现这个方法
04
05      设定 Key 的过期时间，这个功能的目的是限定同一个用户在 2 分钟内不能发送同样的内容
06      为了防止信息太长，因此把信息编码为 md5 以后再与昵称拼接，以缩短 Key 的长度
```

```
07          使用Redis的字符串实现，字符串的Key为"昵称+信息的MD5编码"，值为1
08          使用set命令的ex参数设定Key的过期时间为120秒,时间到了以后Redis会自动删除这个Key
09          :param nick: 昵称
10          :param msg: 信息
11          :return: None
12          """
13          msg_md5 = hashlib.md5(msg.encode()).hexdigest()
14          duplicate_msg_check_flag = nick + msg_md5
15          self.client.set(duplicate_msg_check_flag, 1, ex=120)
```

其中，主要代码说明如下。

- 第13行代码：先把信息转换为MD5。这样做的好处是：缩短信息的长度，避免太长以致于导出超出Redis Key的限制。
- 第14行代码：把用户昵称与消息的MD5值拼成一个长字符串，作为Key。
- 第15行代码：在Redis中设定一个字符串，Key为"昵称+消息的MD5值"，值为1；通过ex参数设定过期时间为120，过期时间一到Redis就会删除这个Key。

修改后的代码如图6-20所示。

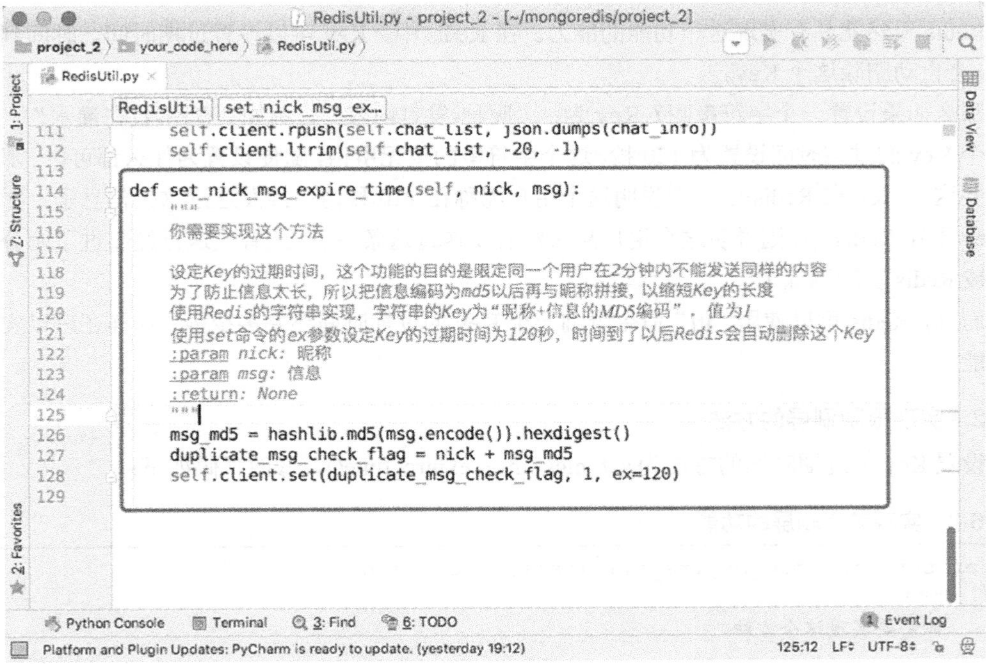

图6-20 设定刷屏检查字符串及其过期时间

6.3.7 实现聊天室页面 4：读取刷屏限制的剩余时间

当用户要发送新内容时，网站先检查 Redis 是否有"昵称+新信息 MD5 值"这个 Key。
- 如果有，则说明用户在 120 秒内发送了相同的内容。此时返回解除刷屏限制的剩余时间。
- 如果没有，则返回 None。

1. 设置查询限制刷屏时间的方法

对应的方法为 get_nick_msg_expire_time()。完善以后的代码如下：

代码 6-9　读取防止刷屏的剩余限制时间

```
01  def get_nick_msg_expire_time(self, nick, msg):
02      """
03      获取某一个昵称发送某一条消息的过期时间
04      这个功能的作用是为了防止同一个用户短时间发送大量相同信息刷屏
05
06      为了防止信息太长，因此把信息编码为 MD5 以后再与昵称拼接，以缩短 Key 的长度
07      使用 Redis 的 ttl 命令来实现，ttl 命令如果返回 None，说明不存在这个 Key 返回 None
08      如果 ttl 返回-1，说明这个 Key 没有设定过期时间，这个 Key 可以一直存在
09      如果 ttl 返回一个大于 0 的正整数，说明在这个整数对应的秒过了以后，Redis 会自动
10      删除这个 Key
11
12      :param nick: 昵称
13      :param msg: 信息
14      :return: None 或者 数字
15      """
16      msg_md5 = hashlib.md5(msg.encode()).hexdigest()
17      duplicate_msg_check_flag = nick + msg_md5
18      expire_time = self.client.ttl(duplicate_msg_check_flag)
19      return expire_time
```

其中，主要代码说明如下。
- 第 16 行代码：获得消息的 MD5 值。
- 第 17 行代码：把昵称与消息的 MD5 值拼成一个 Key。
- 第 18 行代码：使用 Redis 的 "ttl" 命令检查 Key 的剩余时间。如果 Key 不存在，则返回 None；如果 Key 没有过期时间，返回-1；如果 Key 有过期时间，返回剩余时间（正整数）。

修改后的代码如图 6-21 所示。

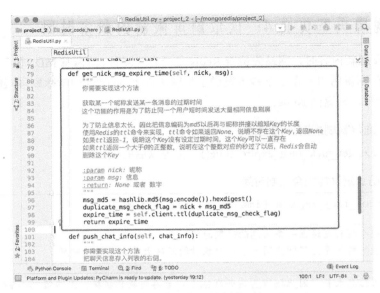

图 6-21　读取刷屏限制过期时间

2. 测试限制刷屏功能

修改完成后重启网站，尝试连续发送相同的信息，会得到网站提示，如图 6-22 所示。

图 6-22　提示不能在两分钟内发送同样的内容

本章小结

本章通过开发简易聊天室网站来巩固 Redis 的基础知识。同时也引入了"列表裁剪"，"利用 Key 添加过期时间"与"检查 Key 剩余过期时间"这三个知识点。

读者在开发的过程中，可以经常使用 redis-cli 观察 Redis 中 Key 的变化情况，以便更好地理解代码和命令的作用。

第 3 篇 高级应用

在实际使用中，仅仅只有增、删、改、查功能是远远不能满足开发需求的。这就要求在学习 Redis 与 MongoDB 时，必需了解并掌握一些高级操作，以应对复杂的查询逻辑。

- 第 7 章会介绍 MongoDB 多个查询语句的逻辑组合方式，也会介绍如何查询特殊字段的内容。最后，会介绍 MongoDB 的精华内容之一——聚合查询。
- 第 8 章会介绍 MongoDB 的优化和安全建议，从而提高 MongoDB 的读写效率，并降低安全风险。
- 第 9 章会介绍 Redis 的另外几种数据结构和"发布/订阅"功能，这些更加高效的数据结构也正是 Redis 之所以高效的原因。

第 7 章

MongoDB的高级语法

MongoDB 除了有简单的按键值查询外，还有不少高级查询方式，可以实现更加强大的数据查询功能。MongoDB 的聚合查询功能，还能在查询的同时对数据进行处理，从而大大提高数据的处理效率。

7.1 AND 和 OR 操作

在实际情况中，查询条件往往不止一条，这些条件可能需要同时满足，也可能需要从多个条件中任选其一。此时，就需要联合多个查询条件。

7.1.1 实例 13：查询同时符合两个条件的人（AND 操作）

在使用 MongoDB 查询时，对同一条记录常常会有多个判断逻辑。

实例描述

假设，数据集 example_data_1 如图 7-1 所示。

在这个数据集中，每一行表示一个人的信息，包括年龄（age）、工资（salary）和性别（sex），"id"不重复。

（1）使用隐式操作查询同时满足两个条件（age 大于 20，sex 为 "男"）的数据。

（2）使用显式 AND 操作查询所有年龄大于 20 且性别为 "男" 的数据。

（3）混合使用显式 AND 操作与隐式 AND 操作查询所有年龄大于 20，性别为 "男"，并且 id 小于 10 的数据。

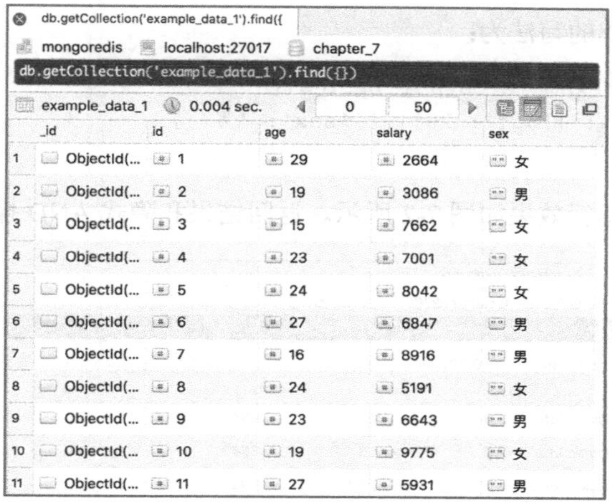

db.getCollection('example_data_1').find({

mongoredis　localhost:27017　chapter_7

db.getCollection('example_data_1').find({})

example_data_1　0.004 sec.　0　50

	_id	id	age	salary	sex
1	ObjectId(...	1	29	2664	女
2	ObjectId(...	2	19	3086	男
3	ObjectId(...	3	15	7662	女
4	ObjectId(...	4	23	7001	女
5	ObjectId(...	5	24	8042	女
6	ObjectId(...	6	27	6847	男
7	ObjectId(...	7	16	8916	男
8	ObjectId(...	8	24	5191	女
9	ObjectId(...	9	23	6643	男
10	ObjectId(...	10	19	9775	女
11	ObjectId(...	11	27	5931	男

图 7-1　数据集 example_data_1

1．隐式 AND 操作

现在要查询所有 age 大于 20 并且 sex 为“男”的数据。

可以构造以下这样一个查询语句：

```
db.getCollection('example_data_1').find({'age': {'$gt': 20}, 'sex': '男'})
```

对 age 与 sex 这两个字段的查询条件需要同时满足。

“同时满足”在逻辑上叫作“与（AND）”。

对于查询语句：

```
db.getCollection('example_data_1').find({'age': {'$gt': 20}, 'sex': '男'})
```

没有出现 AND 这个关键字，却能表达出“与”的关系，因此称为“隐式 AND 操作（implicit AND operation）”。

2．显式 AND 操作

MongoDB 也有“显式 AND 操作（explicit AND operation）”。

显式 AND 操作的语法为：

```
collection.find({'$and': [字典1, 字典2, 字典3, ... , 字典n]})
```

本质上，这种写法和基础部分的查询条件是一致的，只不过基础部分的 Key 是各个字段名，而这里的 Key 是“$and”这样一个关键字，并且 Value 是一个列表，而列表中是很多个字典。每一个字典的写法和基础部分的“find”对应的第 1 个参数完全相同。

例如，查询所有年龄大于 20 且性别为“男”的数据。

使用显式 AND 操作的写法为：

```
db.getCollection('example_data_1').find({
    '$and': [{'age': {'$gt': 20}}, {'sex': '男'}]
})
```

显式 AND 操作的运行效果如图 7-2 所示。返回结果和隐式 AND 操作完全一致。

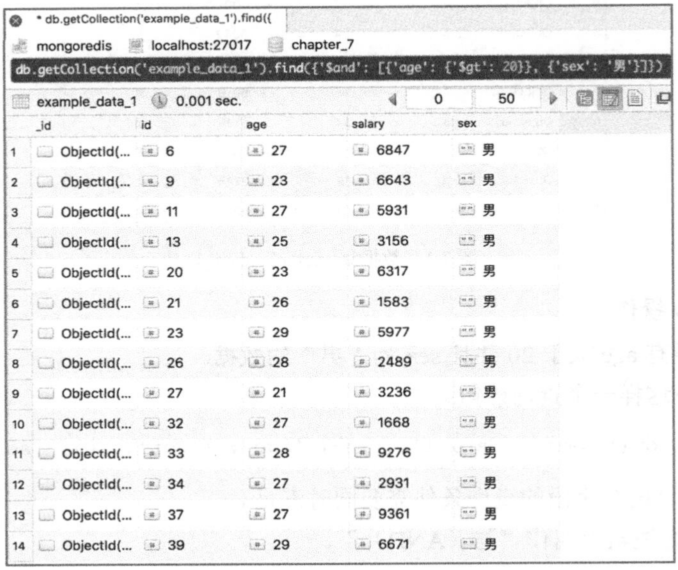

图 7-2　使用显式 AND 操作

> **提示：**
> 随着查询的条件越来越复杂，MongoDB 查询语句中的括号会越来越多，因此要养成先把括号闭合，再填写里面内容的习惯。这样才不容易漏掉括号的后半部分，也不会把大括号中括号小括号的后半部分顺序搞错。
> 例如：
> db.getCollection('example_data_1').find({'$and': [{'age': {'$gt': 20}}, {'sex': '男'}]})
> 应这样写：
> （1）写 db.getCollection('example_data_1').find()。
> （2）用键盘方向键移动光标到 find 括号的中间，把大括号的左右部分写完。
> （3）用键盘方向键将光标移动到大括号中间，写 '$and': []。
> （4）用键盘方向键把光标移动到中括号里，写具体的每一个查询表达式。

3. 显式 AND 操作和隐式 AND 操作混用

显式 AND 操作和隐式 AND 操作可以混合使用。

例如，查询所有年龄大于 20，性别为"男"，并且 id 小于 10 的数据。

可以混合使用显式 AND 操作与隐式 AND 操作。具体代码如下：

```
db.getCollection('example_data_1').find({
    'id': {'$lt': 10},
    '$and': [{'age': {'$gt': 20}}, {'sex': '男'}]
})
```

查询结果如图 7-3 所示。

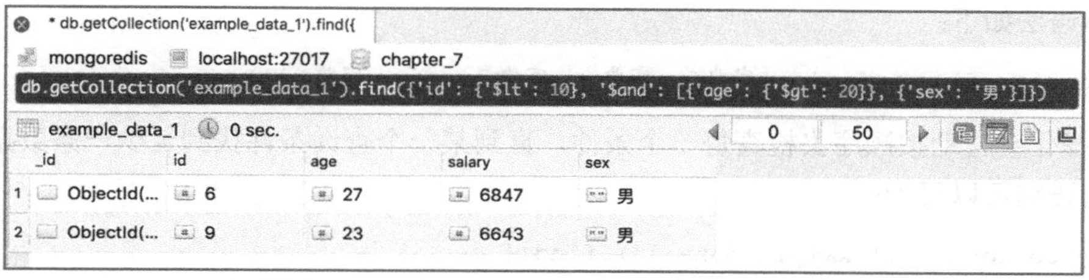

图 7-3 混合使用显式 AND 操作与隐式 AND 操作

虽然 MongoDB 可以混合使用显式 AND 操作与隐式 AND 操作，但明显直接写为隐式 AND 操作会更简单易懂。

所有隐式 AND 操作都可以改写为显式 AND 操作。但反之不行，有一些显式 AND 操作不能改写为隐式 AND 操作。具体例子见 7.1.2 中的 2.小标题。

7.1.2 实例 14：查询只符合其中任一条件的人（OR 操作）

实例描述

对于 example_data_1 数据集：

（1）查找所有年龄（age）大于 28 岁的数据，或者工资（salary）大于 9900 的数据。

（2）查询同时满足以下两个要求的数据：

- age 大于 28，或者 salary 大于 9900。
- sex 为"男"，或者 id 小于 20。

（3）使用一条语句查询符合下面四种情况的所有数据：

- age 大于 28 的男性。
- age 大于 28 且 id 小于 20 的女性。

- salary 大于 9900 的男性。
- salary 大于 9900 且 id 小于 20 的女性。

在某些时候，多个查询条件只需要满足一个就可以了。这种情况有两种处理方式：
- 按照优先级依次把每一个查询条件带入到 MongoDB 中执行，如果有结果就使用结果，如果没有结果就换下一个查询条件。
- 使用"或（OR）"操作。

1. 显式 OR 操作举例

OR 操作与显式 AND 操作的格式完全一样，只需要把关键字"$and"换成"$or"即可。
具体语法如下：

```
collection.find({'$or': [字典1, 字典2, 字典3, ……, 字典n]})
```

OR 操作会自动按顺序去检查每一个条件，直到某一个查询条件找到至少一条数据为止。
查询语句可以写为：

```
db.getCollection('example_data_1').find({
    '$or': [{'age': {'$gt': 28}}, {'salary': {'$gt': 9900}}]
})
```

查询结果如图 7-4 所示。

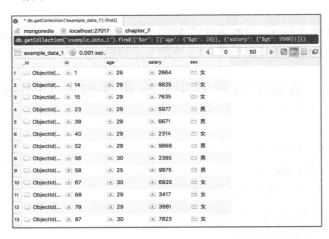

图 7-4　age 大于 28 或者 salary 大于 9900

从图 7-4 可以看出，对于每一行数据：
- 如果 age 大于 28，那么 salary 的值是多少都无所谓。
- 如果 age 小于等于 28，那么必有 salary 大于 9900。

MongoDB 在执行 OR 操作时会遵循一个"短路原则"：只要前面的条件满足了，那后面的条件就直接跳过。

如果 age 大于 28，那就不需要去检查 salary 的值是多少。只有在 age 不满足查询条件时，才会去检查 salary 的值。

 提示：
OR 操作一定是显式的，不存在隐式的 OR 操作。

2. 不能写成隐式的 AND 操作的举例

在 7.1.1 小节的最后提到，某些显式的 AND 操作不能写成隐式的 AND 操作，这里举一个例子。

这个查询其实是一个 AND 操作内部套两个 OR 操作。

查询语句见代码 7-1。

代码 7-1　不能写成隐式 AND 操作的例子

```
db.getCollection('example_data_1').find({
    '$and': [
        {'$or': [{'age': {'$gt': 28}}, {'salary': {'$gt': 9900}}]},
        {'$or': [{'sex': '男'}, {'id': {'$lt': 20}}]}
    ]
})
```

查询结果如图 7-5 所示。

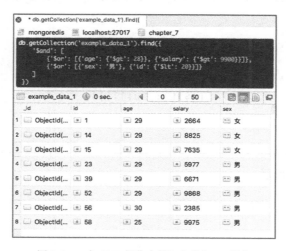

图 7-5　一个 AND 操作内部包含多个 OR 操作

对于这种查询条件，是没有办法写成隐式 AND 操作的。

 提示：
对于复杂的查询条件，使用换行和缩进可以让代码看起来更清晰易懂。

7.1.3 实例 15：用 Python 实现 MongoDB 的 AND 与 OR 操作

实例描述

使用 Python 操作 MongoDB，查询数据集 example_data_1 的数据，只查询一次就找到符合下面四种情况的所有数据：

（1）age 大于 28 的男性。
（2）age 大于 28 并且 id 小于 20 的女性。
（3）salary 大于 9900 的男性。
（4）salary 大于 9900 且 id 小于 20 的女性。

Python 中的显式 AND 操作与 OR 操作写法，与 MongoDB 中的写法完全一样。

下面用 Python 来实现 7.1.2 小节中的一个 AND 操作套两个 OR 操作。代码如下：

代码 7-2　在 Python 中实现显式 AND 操作与 OR 操作

```
import pymongo

handler = pymongo.MongoClient().chapter_7.example_data_1  #连接MongoDB

rows = handler.find(
    {'$and': [{'$or': [{'age': {'$gt': 28}},
                       {'salary': {'$gt': 9900}}]},
              {'$or': [{'sex': '男'},
                       {'id': {'$lt': 20}}]}]})

for row in rows:
    print(row)
```

查询结果如图 7-6 所示。

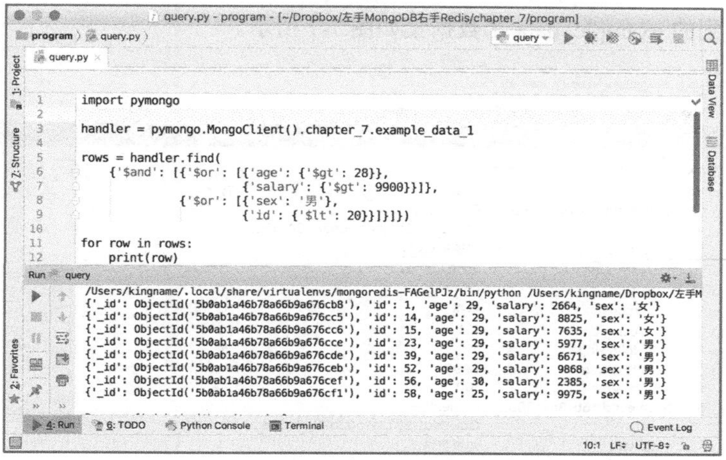

第 7 章 MongoDB 的高级语法 | 163

图 7-6 显式 AND 操作与 OR 操作在 Python 中的写法

7.2 查询子文档或数组中的数据

如果 MongoDB 的字段中包含子文档或者数组，则查询方式和查询普通的字段有一些区别。

7.2.1 认识嵌入式文档

MongoDB 作为 NoSQL，储存的数据可以是各种可以的格式。

例如，把下面这一段数据保存到 MongoDB 中：

```
{'content': '这道菜真好吃',
 'create_time': '2018-06-01',
 'user': {'name': '青南', 'user_id': 101, 'following': 1, 'followed': 9999},
 'comments': 100},
{'content': '儿童节快乐',
 'create_time': '2018-06-01',
 'user': {'name': '小盆友', 'user_id': 102, 'following': 99, 'followed': 3},
 'comments': 1},
{'content': '我的礼物在哪里？',
 'create_time': '2018-05-30',
 'user': {'name': '学习鸡', 'user_id': 103, 'following': 45, 'followed': 20},
 'comments': 20},
{'content': '求勾搭',
 'create_time': '2018-05-20',
 'user': {'name': '单身的小X', 'user_id': 104, 'following': 8888, 'followed': 0},
 'comments': 0}
```

导入以后得到的 example_data_2 数据集如图 7-7 所示。

图 7-7 example_data_2 数据集：字段中嵌套字典

在这个数据集中，"user"称为嵌入式文档（Embedded Document），"user"下面的字段称为嵌套字段（Nested Field）。

如要查询嵌套字段，则需要使用点号来指定具体的字段名，格式如下：

```
嵌入式文档名.嵌套字段名
```

7.2.2 实例 16：嵌入式文档的应用

实例描述

对于数据集 example_data_2，执行以下操作：

（1）查询 user_id 为 102 的数据。
（2）查询所有"followed"大于 10 的数据。
（3）查询数据，并只返回"name"和"user_id"这两个字段。

1．使用点号定位嵌套字段

例如，在数据集 example_data_2 中，查询 user_id 为 102 的数据。

使用点号定位到嵌套字段 user 中的子字段 user_id 为 102 的数据，语句为：

```
db.getCollection('example_data_2').find({'user.user_id': 102})
```

结果如图 7-8 所示。

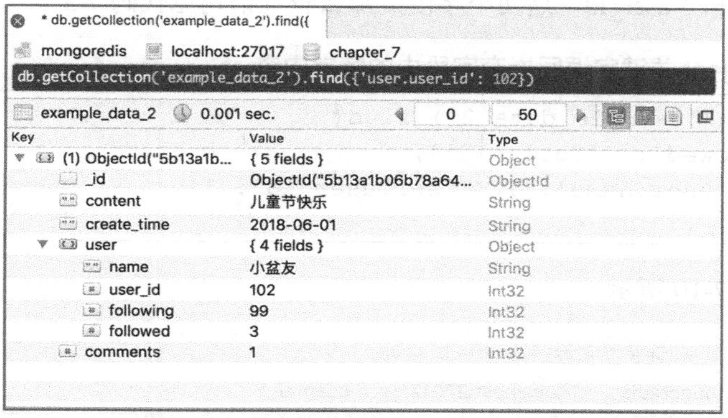

图 7-8　使用点号查询嵌入字段

嵌入字段只是定位的时候多了一步。除此之外，嵌入字段和普通字段没有区别。

例如，查询所有"followed"大于 10 的数据的语句如下：

```
db.getCollection('example_data_2').find({'user.followed': {'$gt': 10}})
```

查询结果如图 7-9 所示。

图 7-9　查询"followed"大于 10 的数据

2. 返回嵌套字段中的特定内容

如需要在返回的查询结果中只显示嵌入式文档中的部分内容，也可以使用点号来实现。例如只返回"name"和"user_id"这两个字段，那么查询语句见代码 7-3。

代码 7-3　使用$project 关键字返回嵌套字段中的特定内容

```
db.getCollection('example_data_2').find(
    {'user.followed': {'$gt': 10}},
    {'_id': 0, 'user.name': 1, 'user.user_id': 1}
)
```

查询结果如图 7-10 所示。

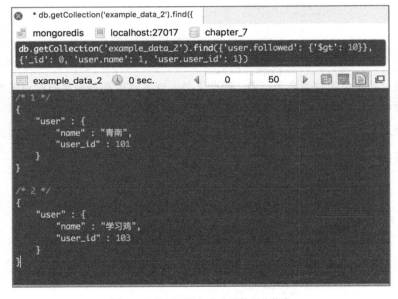

图 7-10　只返回嵌入式文档的部分信息

查询的结果还是一个嵌入式文档，但是只包含需要的字段。在学习了 7.3 节的内容以后，可以把嵌入式字段变为普通字段。

> 提示：
>
> 对于嵌套字段下面还有嵌入式文档的情况（类似于 Python 字典套字典），如要查询内层的字段，则继续使用点号即可。例如：
>
> user.work.boss

7.2.3 认识数组字段

Python 的列表被写入到 MongoDB 中就会变成数组（Array），要查询数组中的内容，又有一套自己的方法。有如下数据：

```
{'name': '衬衣',
 'size': ['S', 'M', 'L', 'XL'],
 'price': [100, 200, 300, 800]},
{'name': '裤子',
 'size': ['L', 'XL'],
 'price': [150, 156]},
{'name': '鞋子',
 'size': ['S', 'XL'],
 'price': [888, 1000]},
{'name': '帽子',
 'size': ['M'],
 'price': ['88']}
```

插入 MongoDB 后得到 example_data_3 数据集，如图 7-11 所示。

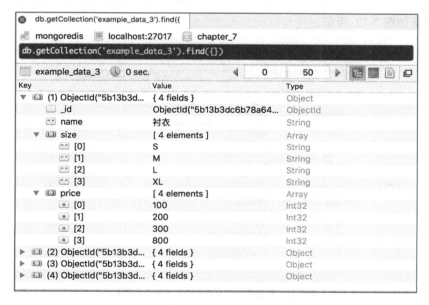

图 7-11　example_data_3 数据集

读数组的操作，无外乎以下几种情况：

（1）数组包含或者不包含某些数据。

(2)数组长度。
(3)数组中特定位置的数满足某些条件。

7.2.4 实例 17：数组应用——查询数组包含与不包含"××"的数据

实例描述

在数据集 example_data_3 中进行如下查询：
(1)查询所有 size 包含 M 的记录。
(2)查询所有 size 不包含 M 的记录。
(3)查询 price 至少有一个元素在 200~300 范围中的记录。

1. 查询数组包含与不包含数据

(1)查询数组包含数据。

要查出所有"size"包含"M"的数据，查询语句为：

```
db.getCollection('example_data_3').find({'size': 'M'})
```

查询结果如图 7-12 所示。

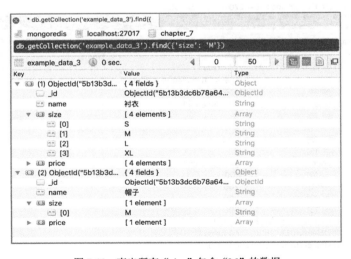

图 7-11 查出所有"size"包含"M"的数据

从图 7-12 可以看出，查询所有某个数组包含某个数据的记录，在写法上完全等同于"查询一个普通字段等于某个值的所有记录"。

(2)查询数组不含数据。

查询所有某个数组不包含某个数据的记录，写法如下：

```
db.getCollection('example_data_3').find({'size': {'$ne': 'M'}})
```

查询结果如图 7-12 所示。

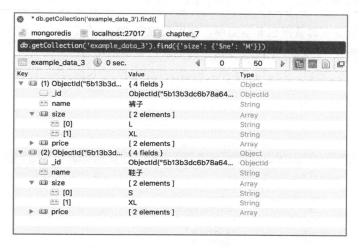

图 7-12　数组 size 不包含 M 的所有记录

2. 数组中至少有一个元素在另一个范围空间内

查询所有满足要求的记录：这些记录中有一个数组，数组中至少有一个元素在某个范围内。写法和"查询某个范围内的普通字段"完全一样，例如：

```
db.getCollection('example_data_3').find({'price': {'$lt': 300, '$gte': 200}})
```

查询结果如图 7-13 所示。

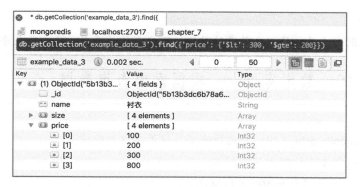

图 7-13　price 数组中至少有一个数据在 200（含）~300 之间

7.2.5 实例18：数组应用——根据数组长度查询数据

实例描述

从数据集 example_data_3 中查询所有 price 长度为 2 的记录。

根据数组的长度查询数据也非常简单，使用关键字"$size"。

例如，查询所有"price"字段长度为 2 的记录，查询语句为：

```
db.getCollection('example_data_3').find({'price': {'$size': 2}})
```

查询结果如图 7-14 所示。

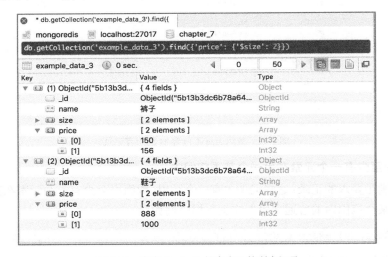

图 7-14　查询"price"长度为 2 的所有记录

> **提示：**
> "$size"只能查询具体某一个长度的数组，不能查询长度大于或小于某个值的数组。

7.2.6 实例19：数组应用——根据索引查询数据

实例描述

从数据集 example_data_3 中，查询所有满足以下条件的数据：

（1）所有 size 第 1 个数据为 S 的记录。

（2）price 第 1 个数据大于 500 的所有记录。

1. 根据数组索引查询数据

数组和列表一样，也有一个索引。通过这个索引能够定位到数组中的具体某个数据。

索引是从 0 开始的，索引为 "0" 表示数组中的第 1 个数据，索引为 "1" 表示数组中的第 2 个数据。根据索引查询某个值，也需要使用点号。

例如，查询所有 "size" 的第 1 个数据为 "S" 的记录，查询语句为：

```
db.getCollection('example_data_3').find({'size.0': 'S'})
```

查询结果如图 7-15 所示。

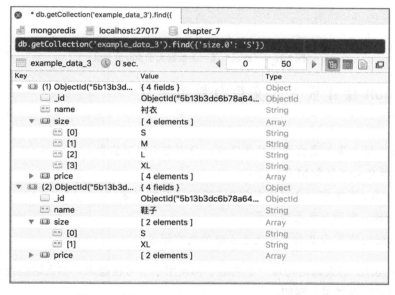

图 7-15　查询 "size" 第一个数据为 "S" 的所有记录

2. 根据数组索引比较数据的大小

使用索引也可以比较大小。例如，查询 "price" 第 1 个数据大于 500 的所有记录：

```
db.getCollection('example_data_3').find({'price.0': {'$gt': 500}})
```

查询结果如图 7-16 所示。

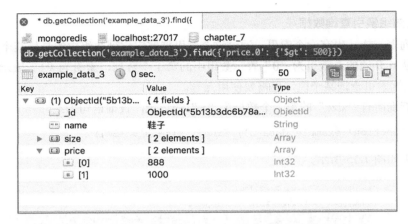

图 7-16 "price" 第一个数据大于 500 的记录

7.2.7 Python 操作嵌入式文档与数组字段

实例描述

在 Python 中操作嵌入式文档和数组字段，分别查询以下信息：

（1）查询所有 size 包含 M 的记录。

（2）查询 price 至少有一个元素在 200~300 范围中的记录。

（3）查询 price 有两个元素的记录。

（4）查询 price 索引为 0 的元素大于 500 的所有记录。

如果 MongoDB 的查询语句每一个关键字都使用了引号包起来，那么这些查询语句直接复制到 Python 中就可以使用。例如：

代码 7-4 Python 操作嵌入式文档和数组字段

```
import pymongo

handler = pymongo.MongoClient().chapter_7.example_data_3

rows_1 = handler.find({'size.0': 'M'})
rows_2 = handler.find({'price': {'$lt': 300, '$gte': 200}})
rows_3 = handler.find({'price': {'$size': 2}})
rows_4 = handler.find({'price.0': {'$gt': 500}})
```

7.3 MongoDB 的聚合查询

到目前为止，MongoDB 只是作为一个保存数据的角色：开发者把数据保存到其中，等需要使用时，按照一定规则把数据提取出来，然后用 Python 或者 Excel 再对数据进行进一步处理。

但实际上，MongoDB 自带了一个聚合（Aggregation）功能。使用聚合功能，可以直接让 MongoDB 来处理数据。聚合功能可以把数据像放入传送带一样，先把原始数据按照一定的规则进行筛选处理，然后通过多个不同的数据处理阶段来处理数据，最终输出一个汇总的结果。

用一个形象的例子来说明什么是聚合操作。假设苹果树上的很多苹果就是"原始数据"，而"吃"这个动作就是"输出"。那么苹果从树上进入人的嘴巴，可能会有如图 7-17 所示的几种不同的情况。

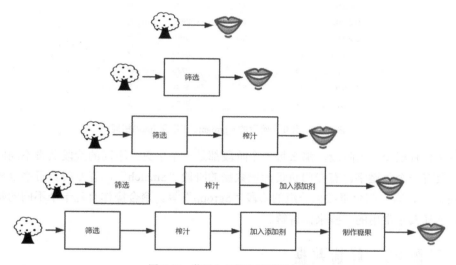

图 7-17 苹果入口的几种不同方式

图中的"筛选""榨汁""加入添加剂""制作糖果"称为聚合操作的不同"阶段（Stage）"，前一个阶段的输出是后一个阶段的输入，通过接力的方式完成从原始数据到最终数据的转换。

7.3.1 聚合的基本语法

聚合操作的命令为"aggregate"，基本格式为：

```
collection.aggregate([阶段1, 阶段2, 阶段3, ……, 阶段N])
```

聚合操作可以有 0 个、1 个或者多个阶段。

如果有 0 个阶段，则查询命令写为：

```
collection.aggregate()
```

那么它的作用和“collection.find()”一样。请对比图 7-18 和图 7-1。

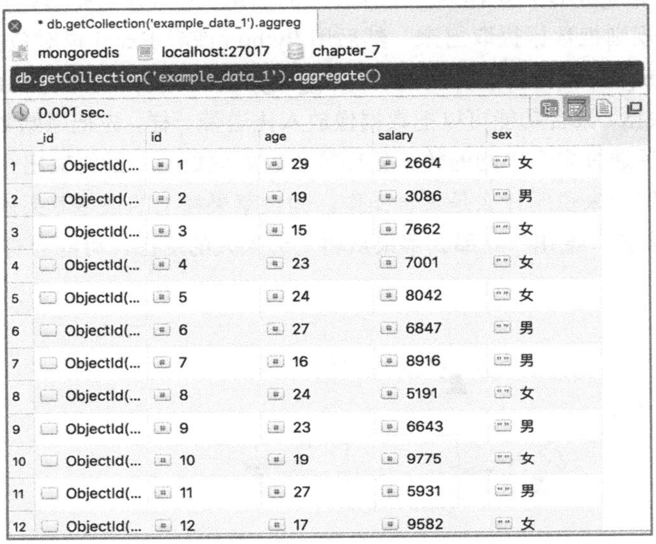
* db.getCollection('example_data_1').aggreg
mongoredis
localhost:27017
chapter_7
db.getCollection('example_data_1').aggregate()
0.001 sec.
_id
id
age
salary
sex
1 ObjectId(... 1 29 2664 女
2 ObjectId(... 2 19 3086 男
3 ObjectId(... 3 15 7662 女
4 ObjectId(... 4 23 7001 女
5 ObjectId(... 5 24 8042 女
6 ObjectId(... 6 27 6847 男
7 ObjectId(... 7 16 8916 男
8 ObjectId(... 8 24 5191 女
9 ObjectId(... 9 23 6643 男
10 ObjectId(... 10 19 9775 女
11 ObjectId(... 11 27 5931 男
12 ObjectId(... 12 17 9582 女

图 7-18　有 0 个阶段的 aggregate 作用和 find()相同

如果聚合有至少一个阶段，那么每一个阶段都是一个字典。不同的阶段负责不同的事情，每一个阶段有一个关键字。有专门负责筛选数据的阶段“$match”，有专门负责字段相关的阶段“$project”，有专门负责数据分组的阶段“$group”等。聚合操作有几十个不同的阶段关键字，本书选择其中常用的一些来作讲解。

7.3.2　实例 20：筛选数据

实例描述

从数据集 example_data_1 中，查询 age 大于等于 27，且 sex 为“女”的所有记录。

一般情况下，并非所有的数据都需要被处理，因此大多数时候聚合的第一个阶段是数据筛选。就像“find()”一样，把某些满足条件的数据选出来以便后面做进一步处理。

数据筛选的关键字为“$match”，它的用法为：

```
collection.aggregate([{'$match': {和 find 完全一样的查询表达式}}])
```

例如，从 example_data_1 数据集中，查询 age 大于等于 27，且 sex 为“女”的所有记录。聚合查询语句为：

```
db.getCollection('example_data_1').aggregate([
    {'$match': {'age': {'$gte': 27}, 'sex': '女'}}
])
```

查询结果如图 7-19 所示。

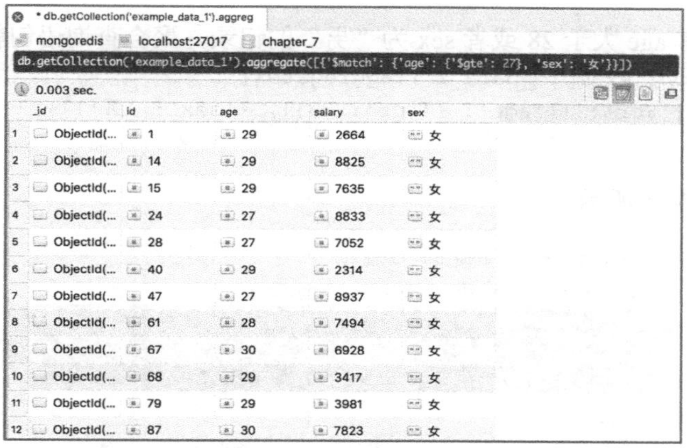

	_id	id	age	salary	sex
1	ObjectId(...	1	29	2664	女
2	ObjectId(...	14	29	8825	女
3	ObjectId(...	15	29	7635	女
4	ObjectId(...	24	27	8833	女
5	ObjectId(...	28	27	7052	女
6	ObjectId(...	40	29	2314	女
7	ObjectId(...	47	27	8937	女
8	ObjectId(...	61	28	7494	女
9	ObjectId(...	67	30	6928	女
10	ObjectId(...	68	29	3417	女
11	ObjectId(...	79	29	3981	女
12	ObjectId(...	87	30	7823	女

图 7-19　使用聚合来查询数据

从查询结果来看，这一条聚合查询语句的作用完全等同于：

```
db.getCollection('example_data_1').find({'age': {'$gte': 27}, 'sex': '女'})
```

查询结果如图 7-20 所示。

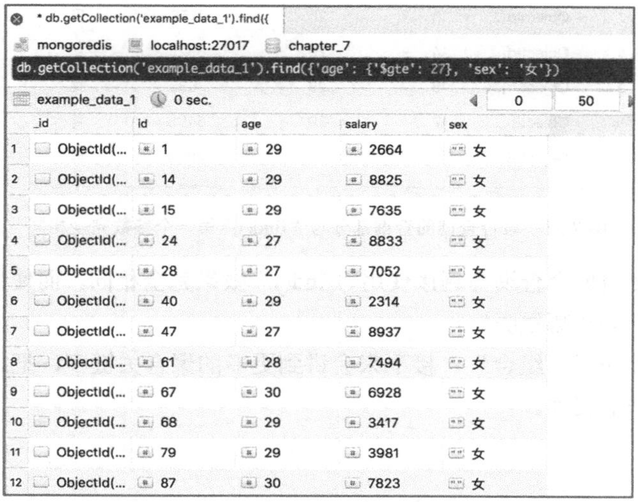

	_id	id	age	salary	sex
1	ObjectId(...	1	29	2664	女
2	ObjectId(...	14	29	8825	女
3	ObjectId(...	15	29	7635	女
4	ObjectId(...	24	27	8833	女
5	ObjectId(...	28	27	7052	女
6	ObjectId(...	40	29	2314	女
7	ObjectId(...	47	27	8937	女
8	ObjectId(...	61	28	7494	女
9	ObjectId(...	67	30	6928	女
10	ObjectId(...	68	29	3417	女
11	ObjectId(...	79	29	3981	女
12	ObjectId(...	87	30	7823	女

图 7-20　使用 find 可以实现相同的效果

这两种写法，核心查询语句"{'age': {'$gte': 27}, 'sex': '女'}"完全一样。

聚合查询操作中的，"{'$match': {和 find 完全一样的查询表达式}}"，"$match"作为一个字典的 Key，字典的 Value 和"find()"第 1 个参数完全相同。"find()"第 1 个参数能怎么写，这里就能怎么写。

例如，查询所有 age 大于 28 或者 sex 为"男"的记录，聚合查询语句就可以写为：

```
db.getCollection('example_data_1').aggregate([
    {'$match': {'$or': [{'age': {'$gt': 28}}, {'sex': '男'}]}}
])
```

查询结果如图 7-21 所示。

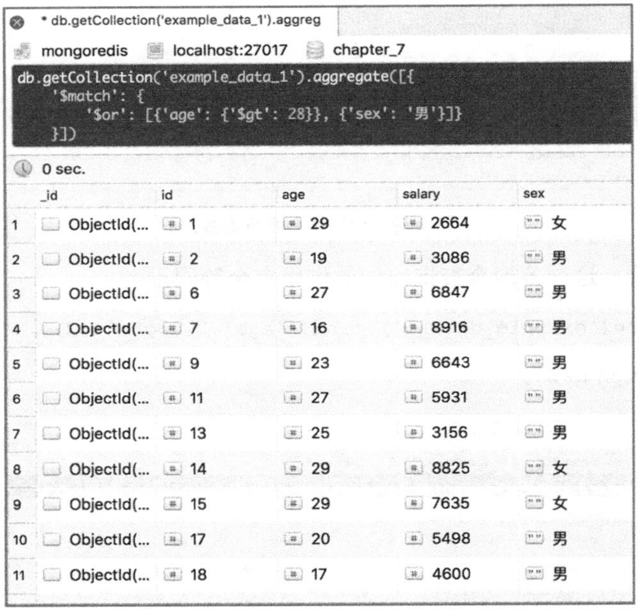

图 7-21 聚合查询的查询部分与"find()"第一个参数完全相同

从效果上看，使用聚合查询与直接使用"find()"效果完全相同，而使用聚合查询还要多敲几次键盘，那它的好处在哪里呢？

聚合操作的好处在于"组合"。接下来会讲到更多的聚合关键字，把这些关键字组合起来才能体现出聚合操作的强大。

7.3.3 实例 21：筛选与修改字段

实例描述

对图 7-1 所示的数据集 example_data_1，使用聚合操作实现以下功能：

（1）不返回 _id 字段，只返回 age 和 sex 字段。
（2）所有 age 大于 28 的记录，只返回 age 和 sex。
（3）在 $match 返回的字段中，添加一个新的字段"hello"，值为"world"。
（4）在 $match 返回的字段中，添加一个新的字段"hello"，值复制 age 的值。
（5）在 $match 返回的字段中，把 age 的值修改为一个固定字符串。
（6）把 user.name 和 user.user_id 变成普通的字段并返回。
（7）在返回的数据中，添加一个字段"hello"，值为"$normalstring"，再添加一个字段"abcd"，值为 1。

"$match"可以筛选出需要的记录，那么如果想只返回部分字段，又应该怎么做呢？这时就需要使用关键字"$project"。

1. 返回部分字段

首先用"$project"来实现一个已经有的功能——只返回部分字段。格式如下：

```
collection.aggregate([{'$project': {字段过滤语句}}])
```

这里的字段过滤语句与"find()"第 2 个参数完全相同，也是一个字典。字段名为 Key，Value 为 1 或者 0（需要的字段 Value 为 1，不需要的字段 Value 为 0）。

例如，对于图 7-1 所示的数据集，不返回"_id"字段，只返回 age 和 sex 字段，则聚合语句如下：

```
db.getCollection('example_data_1').aggregate([
    {'$project': {'_id': 0, 'sex': 1, 'age': 1}}
])
```

查询结果如图 7-22 所示。

结合"$match"实现"先筛选记录，再过滤字段"。例如，选择所有 age 大于 28 的记录，只返回 age 和 sex，则聚合语句写为：

```
db.getCollection('example_data_1').aggregate([
    {'$match': {'age': {'$gt': 28}}},
    {'$project': {'_id': 0, 'sex': 1, 'age': 1}}
])
```

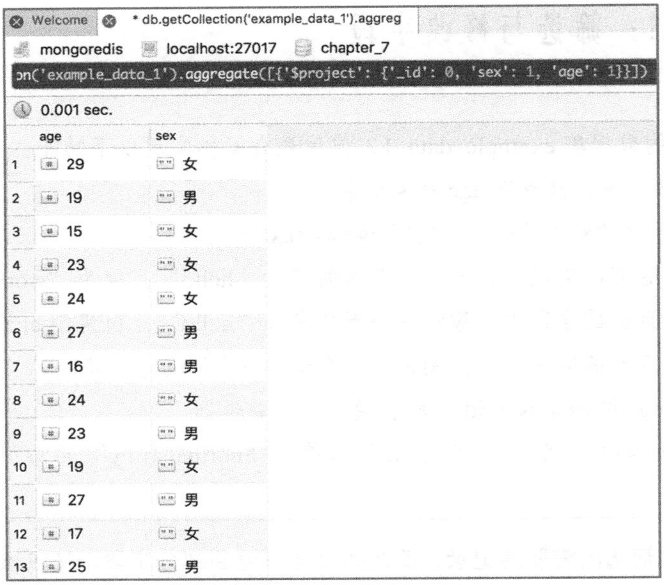

图 7-22　只返回 age 和 sex 不返回 "_id"

查询结果如图 7-23 所示。

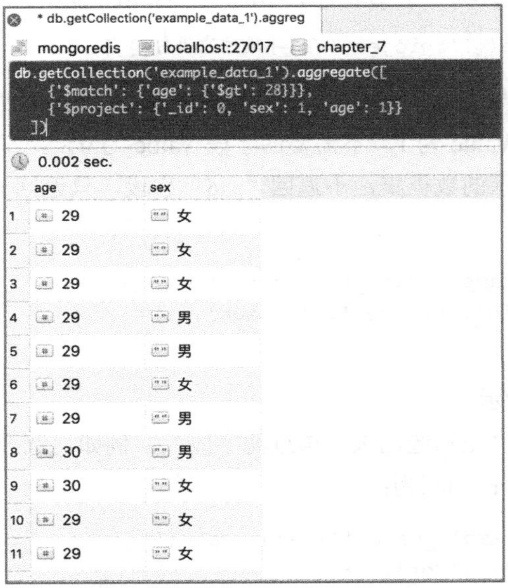

图 7-23　先筛选记录再过滤字段

到目前为止，使用"$match"加上"$project"，多敲了几十次键盘，终于实现了"find()"的功能。使用聚合操作复杂又繁琐，好处究竟是什么？

2．添加新字段

（1）添加固定文本。

在"$project"的 Value 字典中添加一个不存在的字段，看看效果会怎么样。例如：

```
db.getCollection('example_data_1').aggregate([
    {'$match': {'age': {'$gt': 28}}},
    {'$project': {'_id': 0, 'sex': 1, 'age': 1, 'hello': 'world'}}
])
```

注意这里的字段名"hello"，example_data_1 数据集是没有这个字段的，而且它的值也不是"0"或者"1"，而是一个字符串。

查询结果如图 7-24 所示。在查询的结果中直接增加了一个新的字段。

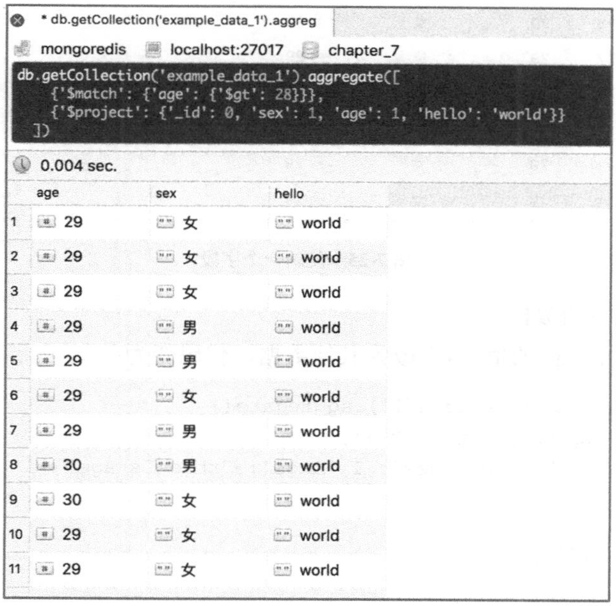

图 7-24　增加新字段

（2）复制现有字段。

现在把上面代码中的"world"修改为"$age"，变为：

```
db.getCollection('example_data_1').aggregate([
    {'$match': {'age': {'$gt': 28}}},
```

```
    {'$project': {'_id': 0, 'sex': 1, 'age': 1, 'hello': '$age'}}
])
```

查询结果如图 7-25 所示。

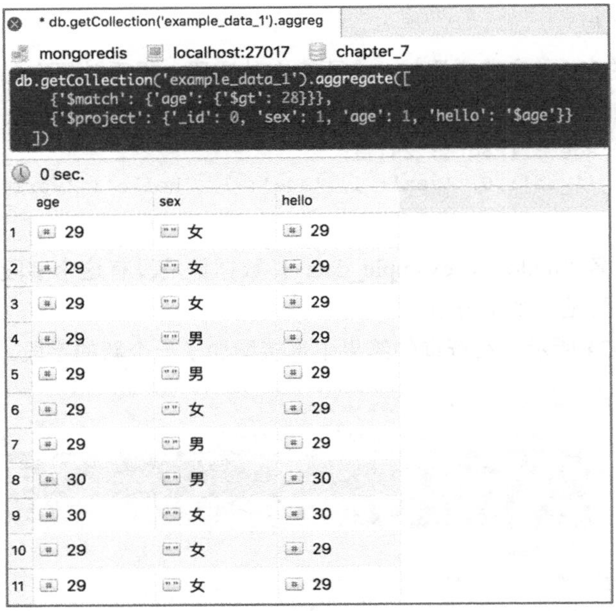

图 7-25 复制一个字段

（3）修改现有字段的数据。

接下来，把原有的 age 的值 "1" 改为其他数据，代码变为：

```
db.getCollection('example_data_1').aggregate([
    {'$match': {'age': {'$gt': 28}}},
    {'$project': {'_id': 0, 'sex': 1, 'age': "this is age"}}
])
```

查询结果如图 7-26 所示。

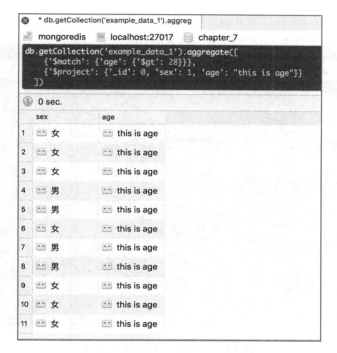

图 7-26　修改一个已有字段的输出

从图 7-25 和图 7-26 可以看出，在"$project"中，如果一个字段的值不是"0"或"1"，而是一个普通的字符串，那么最后的结果就是直接输出这个普通字符串，无论数据集中原本是否有这个字段。

从图 7-26 可以看出，如果一个字段后面的值是"$+一个已有字段的名字"（例如"$age"），那么这个字段就会把"$"标记的字段的内容逐行复制过来。这个复制功能初看起来似乎没有什么用，原样复制能干什么？那么现在来看看 example_data_2 的嵌套字段。

3．抽取嵌套字段

如果直接使用 find()，想返回"user_id"和"name"，则查询语句为：

```
db.getCollection('example_data_2').find({}, {'user.name': 1, 'user.user_id': 1})
```

查询结果如图 7-27 所示。

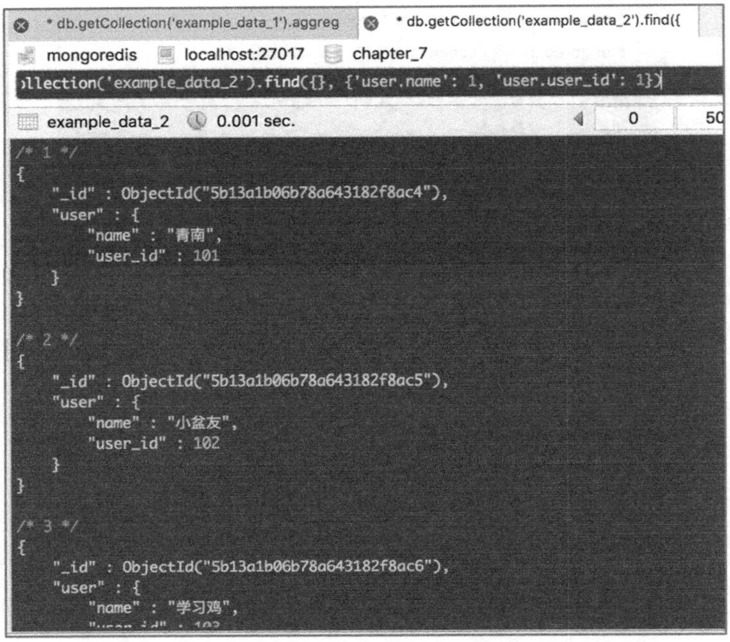

图 7-27　返回的结果仍然是嵌套字段

返回的结果仍然是嵌套字段，这样处理起来非常不方便。而如果使用"$project"，则可以把嵌套字段中的内容"抽取"出来，变成普通字段，具体代码如下：

```
db.getCollection('example_data_2').aggregate([
    {'$project': {'name': '$user.name', 'user_id': '$user.user_id'}}
])
```

查询结果如图 7-28 所示。

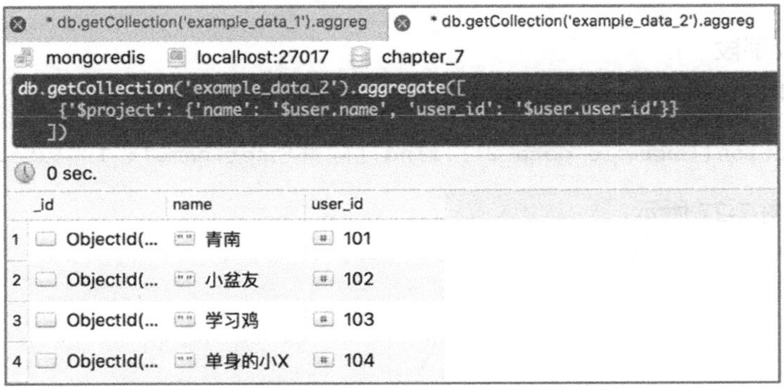

图 7-28　使用"$project"把嵌套字段提取出来

普通字段处理起来显然是要比嵌套字段方便不少，这就是"复制字段"的妙用。

4．处理字段特殊值

看到这里，可能有读者要问：
- 如果想添加一个字段，但是这个字段的值就是数字"1"会怎么样？
- 如果添加一个字段，这个字段的值就是一个普通的字符串，但不巧正好以"$"开头，又会怎么样呢？

下面这段代码是图 7-1 所示的数据集的查询结果。

```
db.getCollection('example_data_1').aggregate([
    {'$match': {'age': {'$gt': 28}}},
    {'$project': {'_id': 0, 'id': 1, 'hello': '$normalstring', 'abcd': 1}}
])
```

查询结果如图 7-29 所示。

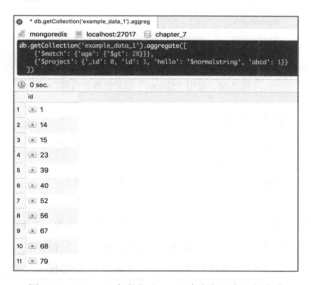

图 7-29　"hello"字段和"abcd"字段都没有添加成功

由于特殊字段的值和"$project"的自身语法冲突了，导致所有以"$"开头的普通字符串和数字都不能添加。要解决这个问题，就需要使用另一个关键字"$literal"，代码如下：

```
db.getCollection('example_data_1').aggregate([
    {'$match': {'age': {'$gt': 28}}},
    {'$project': {'_id': 0, 'id': 1, 'hello': {'$literal': '$normalstring'}, 'abcd': {'$literal': 1}}}
])
```

查询结果如图 7-30 所示。

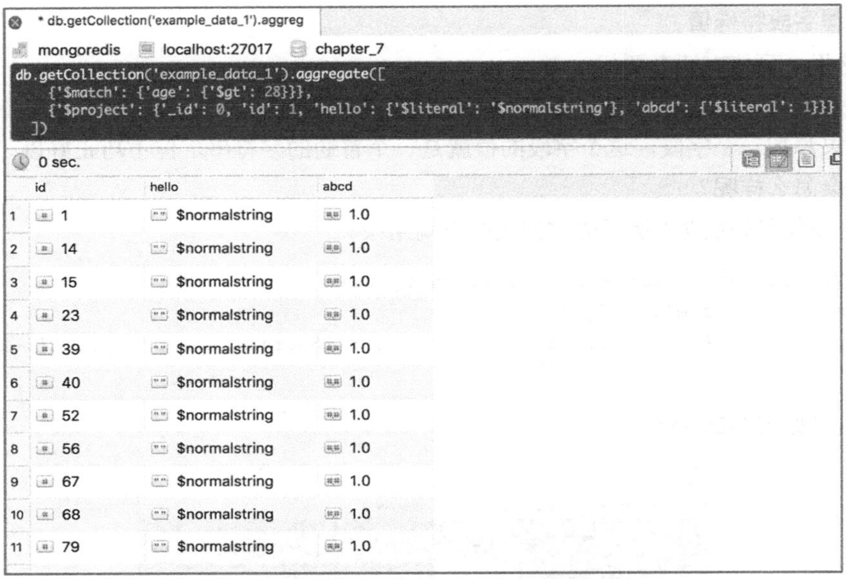

图 7-30　使用"$literal"显示特殊的内容

7.3.4　实例 22：分组操作

实例描述

对于数据集 example_data_4，使用分组操作实现以下功能：

（1）对 name 字段去重。

（2）对每个人计算他们得分的最大值、最小值、平均值、总分，并统计没人有多少条记录。

（3）以 name 字段为基准对文档进行去重，保留最新一条数据。

（4）以 name 字段为基准对文档进行去重，保留最老一条数据。

分组操作对应的关键字为"$group"，它的作用是根据给出的字段 Key，把所有 Key 的值相同的记录放在一起进行运算。这些运行包括常见的"求和（$sum）""计算平均数（$avg）""最大值（$max）""最小值（$min）"等。

假设有一个数据集，见表 7-1。

表 7-1 数据集

姓　名	日　　期	得　　分
张三	2018/6/1	50
李四	2018/6/1	57
王五	2018/6/2	64
张三	2018/6/3	78
王五	2018/6/4	77
李四	2018/6/8	82
张三	2018/6/8	88

如果按照"姓名"分组，那么就可以得到三个组，见表 7-2、表 7-3、表 7-4。

表 7-2 张三组

姓　名	日　　期	得　　分
张三	2018/6/1	50
张三	2018/6/3	78
张三	2018/6/8	88

表 7-3 李四组

姓　名	日　　期	得　　分
李四	2018/6/1	57
李四	2018/6/8	82

表 7-4 王五组

姓　名	日　　期	得　　分
王五	2018/6/2	64
王五	2018/6/4	77

分组以后，就可以对各组计算平均值、最大值、最小值，或者进行求和。

1. 在分组操作阶段去重

要学习分组操作阶段，首先从"去重"功能谈起。在第 3 章中，介绍了一个去重函数"distinct"，使用该函数可以实现对重复数据的去重。在 RoboMongo 中，去重后会返回一个数组，在 Python 中去重以后会返回一个列表。

分组操作，天然就自带去重的功能。假设 example_data_4 数据集如图 7-31 所示。

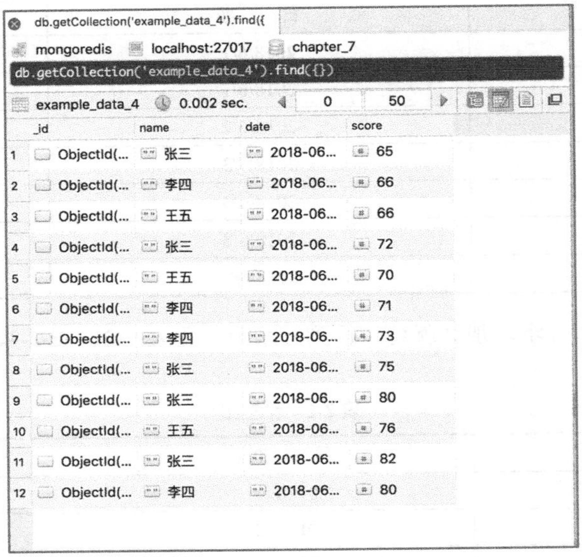

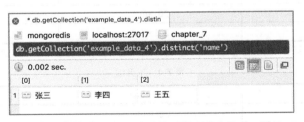

图 7-31　example_data_4 数据集

如果使用"distinct"函数对"name"字段去重，可以得到如图 7-32 所示的内容，其中一共只有 3 个名字。

图 7-32　使用"distinct"函数去重

现在使用分组操作来去重。分组操作去重的语法如下：

```
collection.aggregate([{'$group': {'_id': '$被去重的字段名'}}])
```

仍然对"name"字段去重为，使用分组操作的语句如下：

```
db.getCollection('example_data_4').aggregate([{'$group': {'_id': '$name'}}])
```

查询结果如图 7-33 所示。

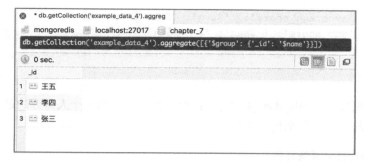

图 7-33　使用分组操作去重

如果从 Robo 3T 的文本模式看返回数据,可以发现分组操作返回的是 3 条记录,如图 7-34 所示。

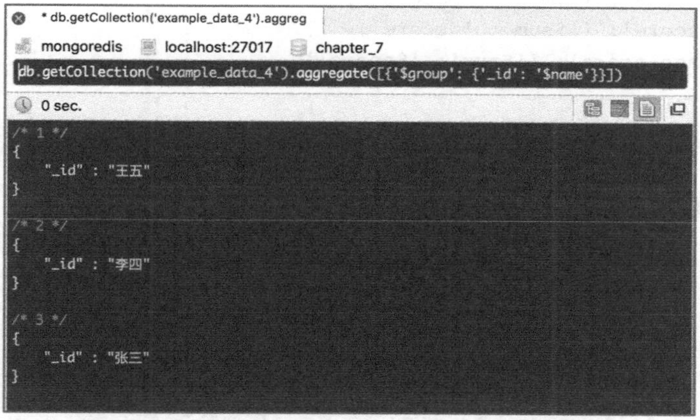

图 7-34　返回三条记录

分组操作虽然也能实现去重操作,但是它返回的数据格式与"distinct"函数是不一样的。"distinct"函数返回的是数组,而分组操作返回的是 3 条记录。

2. 分组并计算统计值

既然分组操作能返回记录,而一条记录又可以有多个字段。现在就来计算每个人得分(score)的最大值、最小值、总分和平均值,并把这些字段都放到分组操作的返回结果中。

要计算最大值、最小值、总分和平均值,用到的语法如下:

```
collection.aggregate([
    {'$group': {'_id': '$被去重的字段名',
                'max_score': {'$max': '$字段名'},
                'min_score': {'$min': '$字段名'},
```

```
            'avgerage_score': {'$avg': '$字段名'},
            'sum_score': {'$sum': '$字段名'}
            }
    }
])
```

例如,对数据集 example_data_4 进行分组聚合操作,计算每个人得分的最大值、最小值、得分之和还有平均分。具体见代码 7-5。

代码 7-5　分组操作并计算统计值

```
db.getCollection('example_data_4').aggregate([
    {'$group':
        {'_id': '$name',
        'max_score': {'$max': '$score'},
        'min_score': {'$min': '$score'},
        'sum_score': {'$sum': '$score'},
        'average_score': {'$avg': '$score'}
        }
    }
])
```

查询结果如图 7-35 所示。

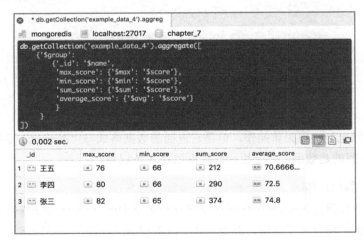

图 7-35　分组计算统计值

在这里引入了 "$max" "$min" "$sum" 和 "$avg" 四个关键字,它们的用法都很简单,全部都是:

```
{$关键字: $已有的字段}
```

> **提示：**
> 原则上，"$sum"和"$avg"的值对应的字段的值应该都是数字。如果强行使用值为非数字的字段，那么"$sum"会返回 0，"$avg"会返回"null"。而字符串是可以比较大小的，所以，"$max"与"$min"可以正常应用到字符串型的字段。

其中，"$sum"的值还可以使用数字"1"，这样查询语句就变成了统计每一个分组内有多少条记录，如图 7-36 所示。

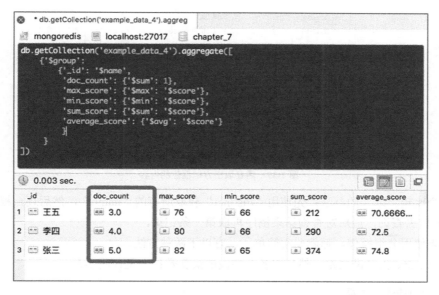

图 7-36 使用"$sum"统计组内记录条数

从图 7-36 中可以看出，"王五"有 3 条记录，"李四"有 4 条记录，"张三"有 5 条记录。

3. 去重并选择最新或最老的数据

除了计算统计值外，分组操作还有另一个用处。在第 3 章曾说过：去重时，需求往往不是去重那么简单，需求可能是对"name"相同的所有记录，取最新的一条。

例如，对于 example_data_4 数据集，最后 3 条恰好是 3 个人的记录。这时直接用"find"取最后 3 条就能满足要求。那么现在再加几条记录，变成如图 7-37 所示的样子。需求是把方框框住的 3 条记录取出来。

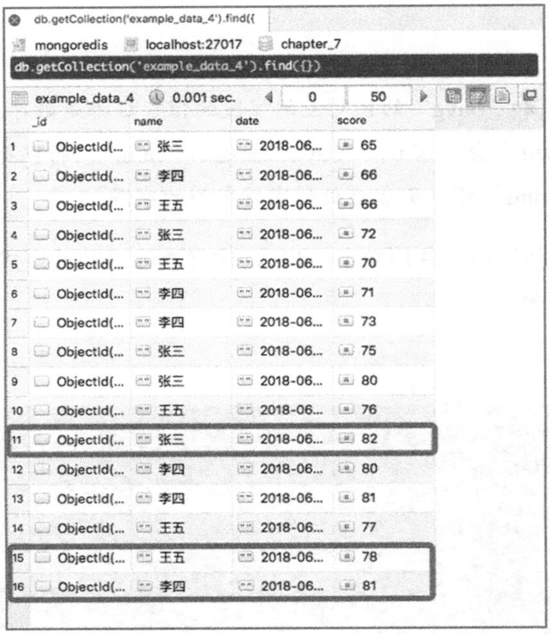

	_id	name	date	score
1	ObjectId(...	张三	2018-06...	65
2	ObjectId(...	李四	2018-06...	66
3	ObjectId(...	王五	2018-06...	66
4	ObjectId(...	张三	2018-06...	72
5	ObjectId(...	王五	2018-06...	70
6	ObjectId(...	李四	2018-06...	71
7	ObjectId(...	李四	2018-06...	73
8	ObjectId(...	张三	2018-06...	75
9	ObjectId(...	张三	2018-06...	80
10	ObjectId(...	王五	2018-06...	76
11	ObjectId(...	张三	2018-06...	82
12	ObjectId(...	李四	2018-06...	80
13	ObjectId(...	李四	2018-06...	81
14	ObjectId(...	王五	2018-06...	77
15	ObjectId(...	王五	2018-06...	78
16	ObjectId(...	李四	2018-06...	81

图 7-37　需要取出方框框住的内容

有一个比较“笨”的办法：先使用“distinct”获取所有的“name”，然后逐一根据每一个“name”的值去查询，最后对查询结果倒序再取第一条记录。

而如果使用分组操作，那就非常简单了。有以下两种方法。

（1）以 name 为基准去重，然后取各个字段的最新数据，见代码 7-6。

代码 7-6　分组操作并去重

```
db.getCollection('example_data_4').aggregate([
   {'$group': {'_id': '$name',
               'date': {'$last': '$date'},
               'score': {'$last': '$score'}
              }
   }
])
```

查询结果如图 7-38 所示。

这里的关键字“$last”表示取最后一条记录。在 MongoDB 中，老数据先插入，新数据后插入，所以每一组的最后一条就是最新插入的数据。

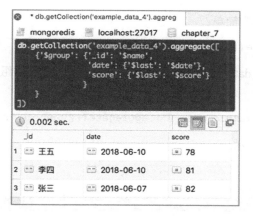

图 7-38　去重以后取最后插入的记录

（2）以 name 为基准去重，然后取所有字段最老的值。

在英语中，"last"的反义词是"first"，所以关键字"\$first"的意思是取第一条，即是最早插入的数据。"\$first"的查询结果如图 7-39 所示。

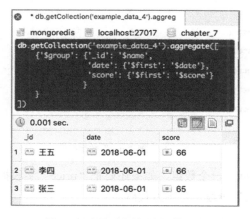

图 7-39　去重后取最早插入的记录

7.3.5　实例 23：拆分数组

实例描述

在数据集 example_data_3 中，拆分 size 字段和 price 字段。

拆分数组阶段使用的关键字为"\$unwind"，它的作用是把一条包含数组的记录拆分为很多条记录，每条记录拥有数组中的一个元素。

"$unwind"的语法非常简单：

```
collection.aggregate([{'$unwind': '$字段名'}])
```

例如，对于example_data_3数据集，"size"和"price"都是数组。现在要把"size"拆开。使用的聚合语句如下：

```
db.getCollection('example_data_3').aggregate([{'$unwind': '$size'}])
```

查询结果如图7-40所示。

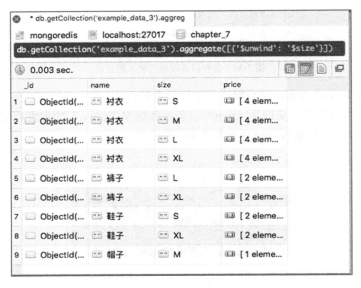

图7-40 把"size"数组拆开

"$unwind"一次只能拆开一个数组，如果还要把"price"字段拆开，则可以让第一次运行的结果再走一次"$unwind"阶段，见下方代码：

```
db.getCollection('example_data_3').aggregate([
    {'$unwind': '$size'},
    {'$unwind': '$price'}
])
```

查询结果如图7-41所示。

可以看出。同时拆开两个字段以后，数据量大增。因为原来是一条记录，现在一共有"size数组长度乘以price数组长度"条记录。例如第1条记录，"size"数组有4个元素，"price"数组有4个元素，把两个数组都拆开以后，则原来的第1条记录变为16条记录。

```
* db.getCollection('example_data_3').aggreg
mongoredis   localhost:27017   chapter_7
db.getCollection('example_data_3').aggregate([
    {'$unwind': '$size'},
    {'$unwind': '$price'}
])
```

	_id	name	size	price
1	ObjectId(...	衬衣	S	100
2	ObjectId(...	衬衣	S	200
3	ObjectId(...	衬衣	S	300
4	ObjectId(...	衬衣	S	800
5	ObjectId(...	衬衣	M	100
6	ObjectId(...	衬衣	M	200
7	ObjectId(...	衬衣	M	300
8	ObjectId(...	衬衣	M	800
9	ObjectId(...	衬衣	L	100
10	ObjectId(...	衬衣	L	200
11	ObjectId(...	衬衣	L	300
12	ObjectId(...	衬衣	L	800
13	ObjectId(...	衬衣	XL	100
14	ObjectId(...	衬衣	XL	200
15	ObjectId(...	衬衣	XL	300
16	ObjectId(...	衬衣	XL	800
17	ObjectId(...	裤子	L	150

图 7-41　同时拆开 "$size" 和 "$price"

7.3.6　实例 24：联集合查询

实例描述

使用聚合操作的联集合查询，实现以下功能：

（1）以微博集合为准，查询用户集合。

（2）把查询结果中用户数组展开。

（3）把返回字段中的 "name" 和 "work" 字段变为普通字段。

（4）以用户集合为基准，查询微博集合。

所谓的联集合查询，相当于 SQL 中的联表查询。在某些情况下，一些相关的数据需要保存到多个集合中，然后使用某一个字段来进行关联。

以一个简化版微博为例。这个微博涉及到两个集合——用户集合与微博集合。用户集合如图 7-42 所示。微博集合如图 7-43 所示。

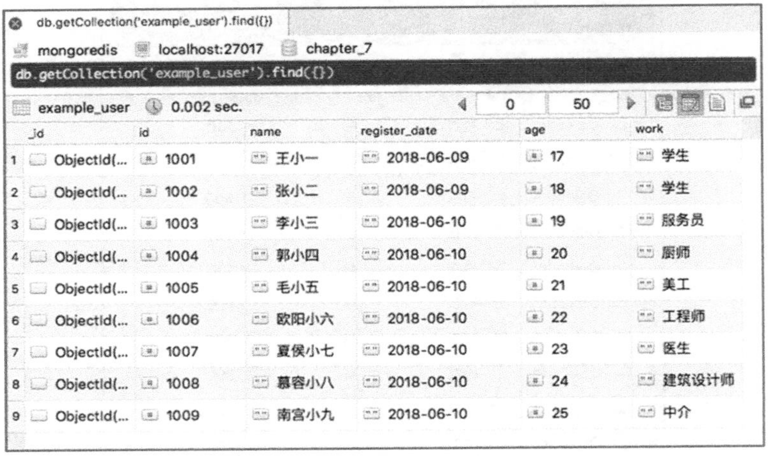

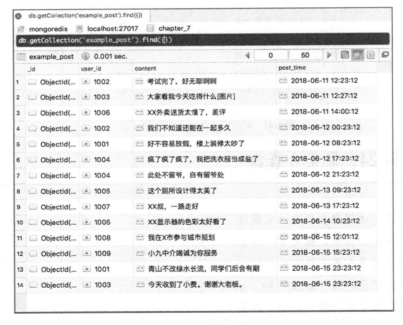

	_id	id	name	register_date	age	work
1	ObjectId(...	1001	王小一	2018-06-09	17	学生
2	ObjectId(...	1002	张小二	2018-06-09	18	学生
3	ObjectId(...	1003	李小三	2018-06-10	19	服务员
4	ObjectId(...	1004	郭小四	2018-06-10	20	厨师
5	ObjectId(...	1005	毛小五	2018-06-10	21	美工
6	ObjectId(...	1006	欧阳小六	2018-06-10	22	工程师
7	ObjectId(...	1007	夏侯小七	2018-06-10	23	医生
8	ObjectId(...	1008	慕容小八	2018-06-10	24	建筑设计师
9	ObjectId(...	1009	南宫小九	2018-06-10	25	中介

图 7-42　用户集合

	_id	user_id	content	post_time
1	ObjectId(...	1002	考试完了，好无聊啊啊	2018-06-11 12:23:12
2	ObjectId(...	1003	大家看我今天吃得什么[图片]	2018-06-11 12:27:12
3	ObjectId(...	1006	XX外卖送货太慢了，差评	2018-06-11 14:00:12
4	ObjectId(...	1002	我们不知道还能在一起多久	2018-06-12 00:23:12
5	ObjectId(...	1001	好不容易放假，楼上装修太吵了	2018-06-12 08:23:12
6	ObjectId(...	1004	疯了疯了疯了，我把洗衣服当成盐了	2018-06-12 17:23:12
7	ObjectId(...	1004	此处不留爷，自有留爷处	2018-06-12 21:23:12
8	ObjectId(...	1005	这个厕所设计得太美了	2018-06-13 09:23:12
9	ObjectId(...	1007	XX叔，一路走好	2018-06-13 17:23:12
10	ObjectId(...	1005	XX显示器的色彩太好看了	2018-06-14 10:23:12
11	ObjectId(...	1008	我在X市参与城市规划	2018-06-15 12:01:12
12	ObjectId(...	1009	小九中介竭诚为你服务	2018-06-15 15:23:12
13	ObjectId(...	1001	青山不改绿水长流，同学们后会有期	2018-06-15 23:23:12
14	ObjectId(...	1003	今天收到了小费。谢谢大老板。	2018-06-15 23:23:12

图 7-43　微博集合

其中，用户集合记录了用户的 ID（id）、用户名（name）、注册时间（register_time）和用户的职业（work）。微博集合记录了用户的 ID（user_id）、微博内容（content）和发微博的时间（post_time）。

1. 同时查询多个集合

如果想同时知道微博内容和发微博的用户的名字与职业，那么有两种方式。

- 从微博集合中，把每一条微博对应的用户 ID 拿出来，然后去用户集合中查询用户的姓名和职业。
- 使用联集合查询。

联集合查询的关键字为"$lookup"，它的语法如下：

```
主集合.aggregate([
    {'$lookup': {
        'from': '被查集合名',
        'localField': '主集合的字段',
        'foreignField': '被查集合的字段',
        'as': '保存查询结果的字段名'
        }
    }
])
```

其中的"主集合"与"被查集合"需要搞清楚。如果顺序搞反了，则结果会不同。

例如，现在需要在微博集合中查询用户信息，那么主集合就是微博集合，被查集合就是用户集合。于是查询语句可以写为以下：

代码 7-7　联集合查询

```
db.getCollection('example_post').aggregate([
    {'$lookup': {
        'from': 'example_user',
        'localField': 'user_id',
        'foreignField': 'id',
        'as': 'user_info'
        }
    }
])
```

查询结果如图 7-44 所示。

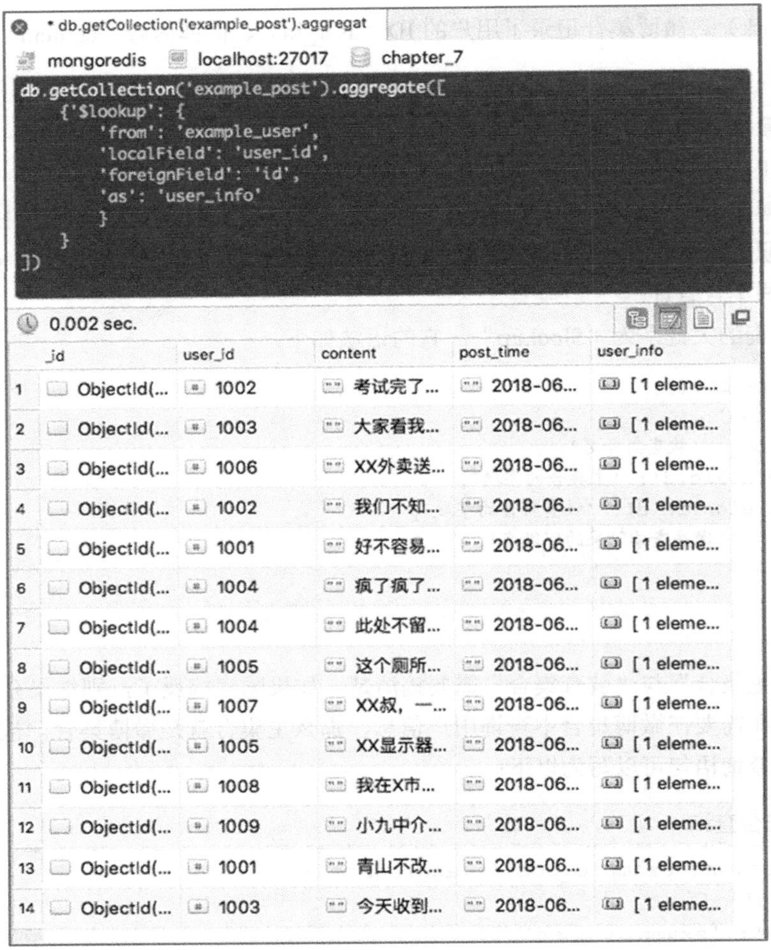

图 7-44 在微博集合中查询用户集合

在查询结果中，多出来的"user_info"字段是一个数组，在数组中是一个嵌入式的文档。使用 Robo 3T 的文本模式可以看清楚里面的内容，如图 7-45 所示。

可以看出，"user_info"字段中的嵌套字段就是对应用户的信息。

> **提示：**
> 这里"user_info"字段之所以会是一个数组，是因为被查询集合中可能有多条记录都满足条件，只有使用数组才能把它们都保存下来。由于用户集合每一个记录都是唯一的，所以这个数组只有一个元素。

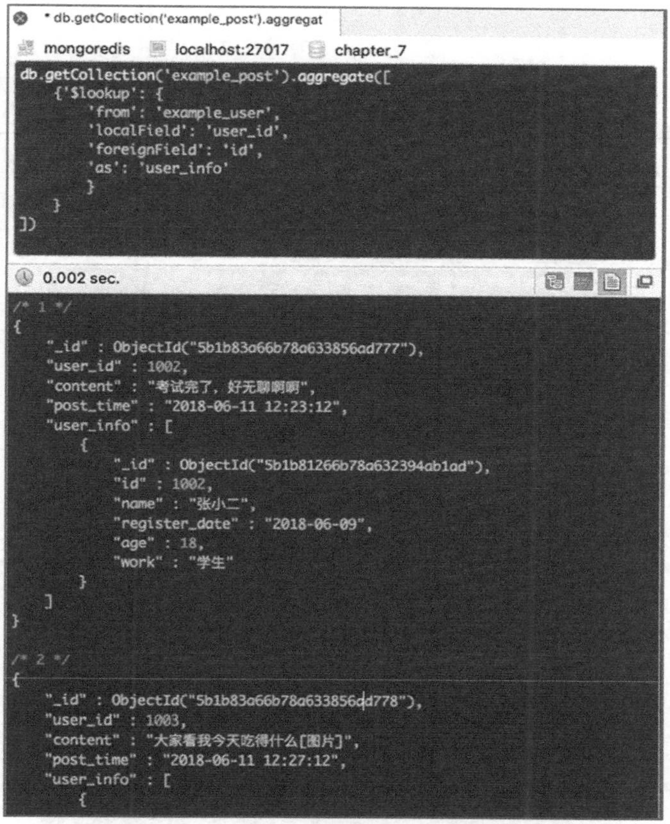

图 7-45　在文本模式中观察返回内容

2. 美化输出结果

虽然返回的内容有了，但是结果不方便阅读。于是就可以使用"$unwind"与"$project"来美化一下返回结果。

（1）将用户数组展开。

首先，使用"$unwind"把数组中的嵌入式文档拆分出来，见代码 7-8。

代码 7-8　联集合查询并美化结果

```
db.getCollection('example_post').aggregate([
    {'$lookup': {
        'from': 'example_user',
        'localField': 'user_id',
        'foreignField': 'id',
        'as': 'user_info'
```

        }
    },
    {'$unwind': '$user_info'}
])
```

查询结果如图 7-46 所示。

图 7-46 使用"$unwind"拆分数组

（2）提取出"name"字段和"work"字段。

接下来，使用"$project"提取出"name"和"work"这两个字段，见代码 7-9。

**代码 7-9 联集合查询并拆分结果再返回特定内容**

```
db.getCollection('example_post').aggregate([
    {'$lookup': {
        'from': 'example_user',
        'localField': 'user_id',
        'foreignField': 'id',
        'as': 'user_info'
```
```

```
            }
        },
        {'$unwind': '$user_info'},
        {'$project': {
            'content': 1,
            'post_time': 1,
            'name': '$user_info.name',
            'work': '$user_info.work'}}
])
```

查询结果如图 7-47 所示。

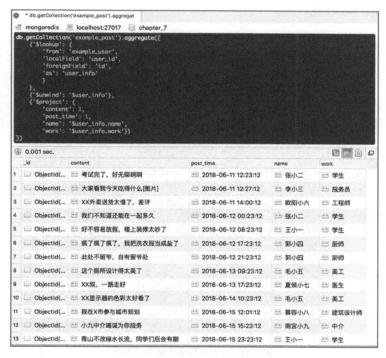

图 7-47　美化联集合查询的输出结果

1．以用户集合为准查询微博集合

（1）查询每个用户发微博情况。

现在换一个角度：已知每一个用户，想知道这些用户发了哪些微博。这时，主集合就变为了用户集合，被查询集合变成了微博集合。此时，聚合查询语句也需要做相应的修改，见代码 7-10。

代码 7-10　以用户为基准联集合查询

```
db.getCollection('example_user').aggregate([
    {'$lookup': {
        'from': 'example_post',
        'localField': 'id',
        'foreignField': 'user_id',
        'as': 'weibo_info'
        }
    }
])
```

查询结果如图 7-48 所示。

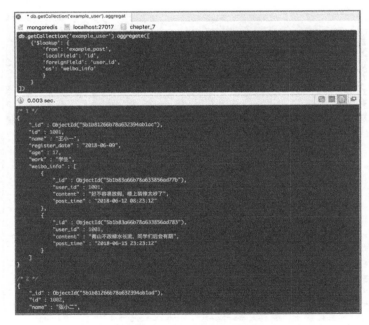

图 7-48　在用户集合查询微博集合

（2）美化返回结果。

由于一个用户可以发送多条微博，所以"weibo_info"字段中就会有多个嵌入式的文档。继续使用"$unwind"与"$project"来美化一下结果，见代码 7-11。

代码 7-11　以用户为基准联集合查询，再拆分结果，最后输出特定内容

```
db.getCollection('example_user').aggregate([
    {'$lookup': {
```

```
      'from': 'example_post',
      'localField': 'id',
      'foreignField': 'user_id',
      'as': 'weibo_info'
      }
  },
  {'$unwind': '$weibo_info'},
  {'$project': {
      'name': 1,
      'work': 1,
      'content': '$weibo_info.content',
      'post_time': '$weibo_info.post_time'}}
])
```

查询结果如图 7-49 所示。

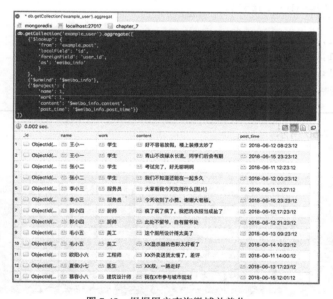

图 7-49　根据用户查询微博并美化

3. 聚合操作阶段的组合方式

在上面的两个例子中，聚合操作的三个阶段"$lookup""$unwind"和"$project"都用到了。这也正是 MongoDB 聚合功能的强大之处。MongoDB 的聚合操作可以把各个不同的阶段组合起来，上一个阶段的输出作为下一个阶段的输入，从而实现非常灵活而强大的功能。

请读者思考：如果现在只需要查询名为"张小二"的用户发送的微博，那么应该把"$match"放在哪里？

实际上,"$match"可以放在"$lookup"的前面,也可以放在"$project"的后面,甚至还可以放在"$lookup"和"$unwind"的中间,或者放在"$unwind"与"$project"的中间。

在用户集合作为主集合的例子中,如果放在"$lookup"的前面,那么写法如下:

代码 7-12　聚合操作优先数据筛选的写法

```
db.getCollection('example_user').aggregate([
    {'$match': {'name': '张小二'}},
    {'$lookup': {
        'from': 'example_post',
        'localField': 'id',
        'foreignField': 'user_id',
        'as': 'weibo_info'
        }
    },
    {'$unwind': '$weibo_info'},
    {'$project': {
        'name': 1,
        'work': 1,
        'content': '$weibo_info.content',
        'post_time': '$weibo_info.post_time'}}
])
```

查询结果如图 7-50 所示。

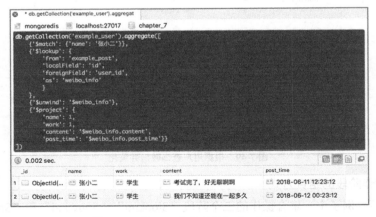

图 7-50　"$match"放在"$lookup"前面

如果把"$match"放在"$lookup"与"$unwind"中间,那么写法如下:

代码 7-13　聚合操作先联集合查询再筛选数据的写法

```
db.getCollection('example_user').aggregate([
    {'$lookup': {
        'from': 'example_post',
        'localField': 'id',
        'foreignField': 'user_id',
        'as': 'weibo_info'
        }
    },
    {'$match': {'name': '张小二'}},
    {'$unwind': '$weibo_info'},
    {'$project': {
        'name': 1,
        'work': 1,
        'content': '$weibo_info.content',
        'post_time': '$weibo_info.post_time'}}
])
```

查询结果如图 7-51 所示。

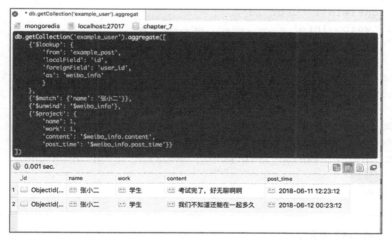

图 7-51　把"$match"放在"$lookup"与"$unwind"中间

请读者自行测试另外两种情况——"$match"放在"$lookup"和"$unwind"的中间，或者放在"$unwind"与"$project"的中间。

从性能上考虑，建议把"$match"放在最前面，这样可以充分利用到 MongoDB 的索引，提高查询效率。

7.3.7 实例 25：使用 Python 执行聚合操作

实例描述

在 Python 中执行聚合操作，以用户集合为基准，查询每个用户发送了哪些微博，并把返回结果中的微博字段数组展开，另外把 content 字段和 post_time 字段变成普通字段。

聚合操作涉及的代码，99%都可以直接复制/粘贴到 Python 中运行。例如 7.3.6 小节中的"在用户集合中查询微博集合"，使用 Python 的写法如下：

代码 7-14　使用 Python 实现完整的聚合操作

```python
import pymongo

handler = pymongo.MongoClient().chapter_7.example_user

rows = handler.aggregate([
    {'$lookup': {
        'from': 'example_post',
        'localField': 'id',
        'foreignField': 'user_id',
        'as': 'weibo_info'
        }
    },
    {'$unwind': '$weibo_info'},
    {'$project': {
        'name': 1,
        'work': 1,
        'content': '$weibo_info.content',
        'post_time': '$weibo_info.post_time'}}
])
for row in rows:
    print(row)
```

查询结果如图 7-52 所示。

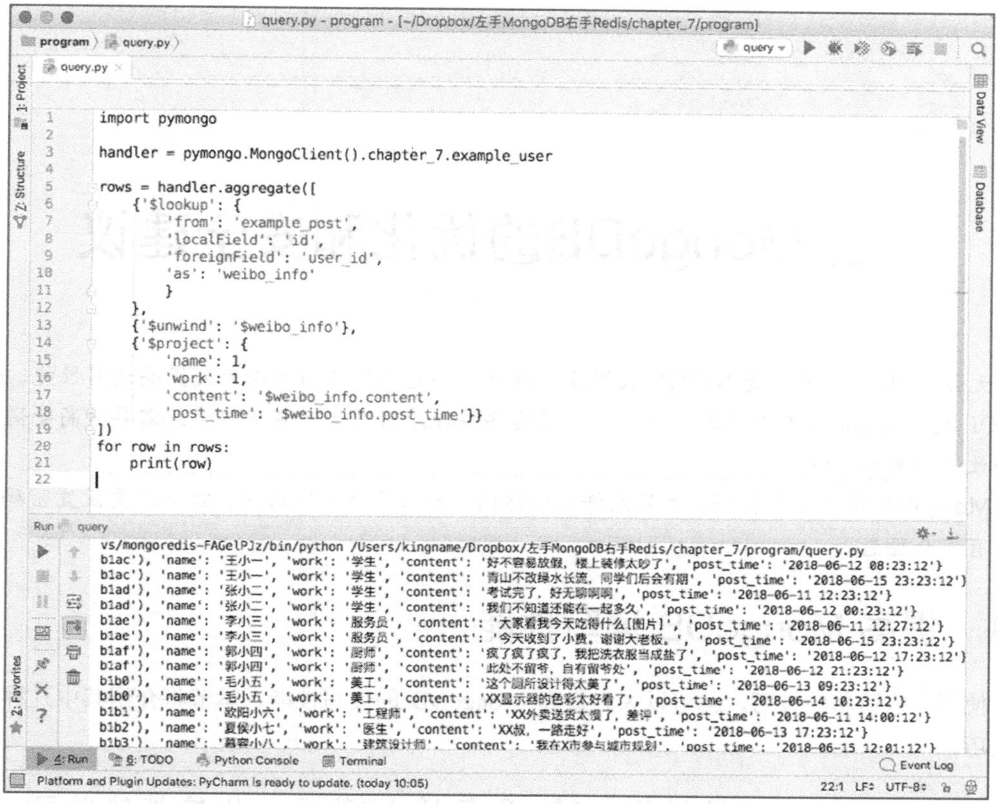

图 7-52 在 Python 中运行聚合查询

本章小结

本章介绍了 MongoDB 的一些高级操作，包括显式 AND 操作、OR 操作、嵌入式文档与数组，以及 MongoDB 的聚合功能。MongoDB 聚合功能的核心思想是：充分里面各个阶段的搭配与协作来提前处理数据，从而充分利用 MongoDB 的性能来提高查询效率。

需要注意的是，聚合功能远非本书所介绍的这些内容。但是在 Python 有更加强大、直观易用、易调试、易维护的数据分析库 Pandas 的情况下，是否还需更加深入的去学习 MongoDB 的聚合功能，需要读者自行权衡。

第 8 章

MongoDB的优化和安全建议

无论 SQL 数据库还是 NoSQL 数据库，都有一些通用的技巧可以大大提高读写性能。作为 NoSQL 的 MongoDB 有自己的一些特性。将这些特性应用到生产环境中时，需要提高警惕，以防导致不必要的麻烦。

MongoDB 默认没有密码，且只允许本地访问。如果开放外网访问，就一定要设置密码，否则会有安全隐患。

8.1 提高 MongoDB 读写性能

使用一些简单的技巧，就可以大大提高 MongoDB 的读写性能。本节将介绍其中几种常见的技巧。

8.1.1 实例26："批量插入"与"逐条插入"数据，比较性能差异

实例描述

在 MongoDB 中，分别用"逐条插入"与"批量插入"两种方式插入相同的数据，比较两者的时间差。

使用 Python 向 MongoDB 中插入一条数据，只需要 3 行代码，见代码 8-1。

代码 8-1 插入一条数据到 MongoDB

```
01  import pymongo
02  handler = pymongo.MongoClient()
03  handler.insert_one({'name': 'kingname', 'age': 26, 'salary': 99999})
```

从 Python 执行完成第 3 行代码，到数据存到数据库中，这个过程可能只需要几毫秒。但是在这几毫秒中，网络传输的时间占了非常大的比例。

I/O（Input/Ouput，输入/输出）操作总是最耗费时间的，无论是硬盘的 I/O 操作还是网络 I/O

操作。
- 如果写到本地的 MongoDB，数据会在网卡中转一圈再存入硬盘。
- 如果写到远程的 MongoDB，数据会先从本地网卡出去，然后经过网线，在电磁波、光信号、电信号之间进行转换，中间通过一层一层的交换机路由器，甚至海底光缆，绕地球一圈再进入目标服务器的网卡最后存入数据库。

这就像是扔砖头，分 10 次，每次只扔一块砖头的时间，肯定远远大于把 10 块砖一次扔出去的时间。如果你能够一次扔 10 块砖头，为什么你要一块一块地扔呢。

现在的宽带技术，上下行速度动辄每秒几百兆字节。如果使用 MongoDB 插入数据还在逐条插入，每一条几个字节，那可真是白白浪费了网络带宽。

下面通过实际数据来对比逐条插入数据和批量插入数据的性能差异。

1．生成初始数据

为了对比结果的公平性，首先生成一个 CSV 文件，这个文件中的数据将用于测试逐条插入与批量插入功能。

运行 generate_people_info.py，会在当前文件夹下面生成一个 people_info.csv 文件，如图 8-1 所示。

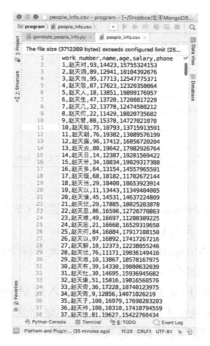

图 8-1　生成初始数据

people_info.csv 一共有 119 810 行，除去第 1 行标题行和最后 1 行空白行，一共有 119 808 条数据将会被插入 MongoDB 中。

> **提示：**
> 由于"age""salary""phone"这 3 个字段使用了随机数，所以每一次重新生成的数据都不同。读者自行生成的 people_info.csv 应该和图中有所差异，这是正常情况。读者只需要保证逐条插入和批量插入使用的数据相同即可。

2. 逐行插入数据

编写一段 Python 代码，读取 CSV 文件并逐条插入到 MongoDB 中。代码如下：

代码 8-2　计算逐条插入数据的时间

```
01  import csv
02  import time
03  import pymongo
04
05  with open('people_info.csv', encoding='utf-8') as f:
06      reader = csv.DictReader(f)
07      people_info_list = [x for x in reader]
08
09  handler = pymongo.MongoClient().chapter_8.one_by_one
10
11  start_time = time.time()
12  for info in people_info_list:
13      handler.insert_one(info)
14  end_time = time.time()
15
16  print('逐条插入数据，耗时：', end_time - start_time)
```

其中，主要代码说明如下。

- 第 5~7 行代码：使用 Python 自带的 CSV 模块读取 CSV 文件，并将其转换为包含字典的列表。其中每一个字典为 CSV 中的一行数据。
- 第 9 行代码：初始化 MongoDB 并连接到 chatper_8 库下面的 one_by_one 集合。
- 第 11 行代码：记录开始时间戳。
- 第 12、13 行代码：使用 for 循环把数据逐条插入到 MongoDB 中。
- 第 14、15 行代码：记录结束时间戳，并打印出时间差。

运行效果如图 8-2 所示。插入 119 808 条数据，共耗时 44 秒。

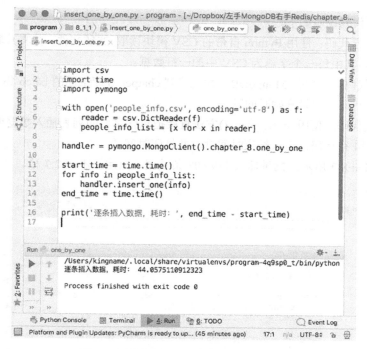

图 8-2 逐条插入 119808 条数据，耗时 44 秒

3. 批量插入数据

编写一段 Python 代码，测试批量插入数据的性能，见代码 8-3。

代码 8-3　计算批量插入数据的时间

```
01 import csv
02 import time
03 import pymongo
04
05 with open('people_info.csv', encoding='utf-8') as f:
06     reader = csv.DictReader(f)
07     people_info_list = [x for x in reader]
08
09 handler = pymongo.MongoClient().chapter_8.batch
10
11 start_time = time.time()
12 handler.insert_many(people_info_list)
13 end_time = time.time()
14 print('批量插入数据，耗时：', end_time - start_time)
```

其中，主要代码说明如下。

- 第 5~7 行代码：使用 Python 自带的 CSV 模块读取 CSV 文件，并将其转换为包含字典的列表。其中每一个字典为 CSV 中的一行数据。
- 第 9 行代码：初始化 MongoDB，并连接到 chatper_8 库下面的 batch 集合。
- 第 11 行代码：记录开始时间戳。
- 第 12 行代码：使用 insert_many() 方法直接把包含字典的列表插入数据库。
- 第 13、14 行代码：记录结束时间戳，并打印时间差。

运行效果如图 8-3 所示。批量插入 119 808 条数据，只用了不到 2.7 秒。

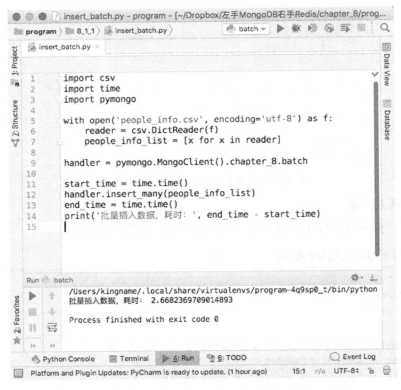

图 8-3　批量插入 119808 条数据，耗时 2.7 秒

4．如何正确批量插入数据

仅仅是使用本地的 MongoDB 数据库，批量插入数据的性能就远远超过逐条插入数据性能。如果使用的是远程数据库，那么网络 I/O 导致的时间消耗会比这个差异大很多倍。

既然批量插入数据库的性能这么好，那如何正确地使用批量插入功能？下面这一段代码想实现的功能是：从 Redis 里面读数据，再插入到 MongoDB 中。请读者看看这段代码有什么问题。

代码 8-4　一段有多种崩溃可能的批量插入数据的示例代码

```
01  import redis
02  import json
03  import pymongo
04
05
06  client = redis.Redis()
07  handler = pymongo.MongoClient().chatper_8.people_info
08
09  people_info_list = []
10  while True:
11      people_info_json = client.lpop('people_info')
12      if people_info_json:
13          people_info = json.loads(people_info_json.decode())
14          people_info_list.append(people_info)
15      else:
16          break
17  handler.insert_many(people_info_list)
```

其中，主要代码说明如下。

- 第 6 行代码：初始化 Redis 连接。
- 第 7 行代码：初始化 MongoDB 连接。
- 第 10 行代码：开启一个永远运行的循环。
- 第 11 行代码：在 Redis 中名为 people_info 的列表左侧获取一条数据，并将数据赋值给 people_info_json 变量。
- 第 12~14 行代码：如果 people_info_json 不为空，则使用 JSON 模块把它转换为字典，然后将其添加到 people_info_list 列表中。
- 第 15、16 行代码：如果 people_info_json 为空，则说明 Redis 数据已经读完，跳出循环。
- 第 17 行代码：把 people_info_list 中的数据批量插入 MongoDB。

这段代码会有什么问题呢？这里随便列出几条。

（1）如果 Redis 中的数据量非常大，全部转换为字典以后超过了系统内存，会怎么样？

（2）如果 Redis 中的数据临时暂停添加，过一会儿再添加，会怎么样？

（3）假设 Redis 中有 100 000 000 条数据，读取到第 99 999 999 条数据时，突然电脑断电了，会怎么样？

……

5. 批量插入一次性数据

如果已经明确知道 Redis 中的数据就是全部数据,虽然多,但是不会继续增加新的数据,那么代码可以修改为如下:

代码 8-5　以 1000 条数据为一组分批次批量插入数据

```
01  import redis
02  import json
03  import pymongo
04
05
06  client = redis.Redis()
07  handler = pymongo.MongoClient().chatper_8.people_info
08
09  people_info_list = []
10  while True:
11      people_info_json = client.lpop('people_info')
12      if people_info_json:
13          people_info = json.loads(people_info_json.decode())
14          people_info_list.append(people_info)
15          if len(people_info_list) >= 1000:  # 如果列表中的数据超过1000条就先插入数据库
16              handler.insert_many(people_info_list)
17              people_info_list = []
18      else:
19          break
20
21  if people_info_list:  # 最后一轮可能凑不够1000条数据,所以还需要看看是否需要再次插入
22      handler.insert_many(people_info_list)
```

其中,关键的修改在第 15~17 行和 21 行。

- 15~17 行,虽然还是批量插入数据,但为了安全起见,是小批量插入。每从 Redis 中读取 1000 条数据就插入一次数据库。这样做的好处是,即使电脑断电,最多丢失 1000 条数据。当然,这里需要根据系统能够容忍的最大丢失数据条数来设置。
- 第 21 行,再一次判断 people_info_list 是否为空。如果不为空,则再插入一次。这是因为:总数据量如果不是 1000 的整数倍,那么最后一轮凑不够 1000 条数据,在循环中无法插入,所以结束循环以后还需要再插入一次。但是 insert_many 是不能接收空列表的,所以只有在 people_info 不为空时才能插入。

6. 批量插入持续性数据

如果 Redis 中的数据是持续性数据,则会有新数据源源不断被加入到 Redis 中,每次添加之间的时间间隔从几毫秒到几小时不等。代码可以修改为如下。

代码 8-6 分批次批量插入持续性数据

```
01  import redis
02  import json
03  import time
04  import pymongo
05
06
07  client = redis.Redis()
08  handler = pymongo.MongoClient().chatper_8.people_info
09
10  people_info_list = []
11  get_count = 0
12  while True:
13      people_info_json = client.lpop('people_info')
14      if people_info_json:
15          people_info = json.loads(people_info_json.decode())
16          people_info_list.append(people_info)
17          if len(people_info_list) >= 1000:
18              handler.insert_many(people_info_list)
19              people_info_list = []
20      else:
21          if people_info_list and get_count % 1000 == 0:
22              handler.insert_many(people_info_list)
23              people_info_list = []
24          time.sleep(0.1)  # 防止浪费 CPU 资源
25      get_count += 1
```

其中,主要的修改点如下。

- 第 11 行代码:增加了一个计数变量,通过第 25 行代码实现每获取一次 Redis 中的数据就让变量加 1。
- 第 21 行代码:在 Redis 为空的情况下,如果 people_info_list 中有数据,不论有多少数据,只要请求 Redis 的次数为 1000 的倍数,那么就批量插入数据库。这样做的好处是,保证 people_info_list 中的数据最多等待 100 秒就会被插入数据库。这里使用了 "%" 实现取余操作,"get_count % 1000" 的结果为 get_count 除以 1000 的余数。如果结果为 0,则表示 get_count 正好是 1000 的整数倍。

- 第 24 行代码：在本次发现 Redis 为空的情况下，暂停 0.1 秒，这样做可以显著降低 CPU 的占用。

8.1.2　实例 27："插入"与"更新"数据，比较性能差异

更新操作（特别是逐条更新）比较费时间，因为它实际上包含"查询"和"修改"两个步骤。与"插入"不一样，某些情况下数据的"更新"没有办法实现批量操作，必需逐条更新。

实例描述

对于 one_by_one 数据集，现在要把每一条记录的"salary"字段的值，在原有的基础上增加 100。使用下面两种方式更新：

（1）逐条更新数据。

（2）把数据读入 Python，更新以后批量插入新的集合中。

1．逐条更新数据

下面以更新 8.1.1 小节生成的 one_by_one 集合为例。例如，要把每一条记录的"salary"字段的值在原有的基础上增加 100。然而，在 one_by_one 集合中，"salary"这个字段的类型是字符串，不是整型，如图 8-4 所示。

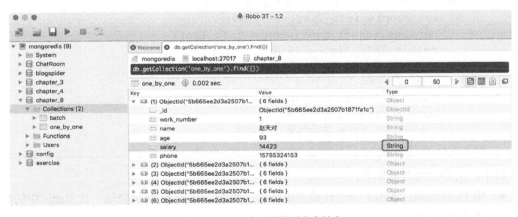

图 8-4　salary 字段的类型为字符串

逐条更新数据的 Python 代码如下：

代码 8-7　测试逐条更新数据的耗时

```
01  import time
02  import pymongo
```

```
03
04
05  start_time = time.time()
06  handler = pymongo.MongoClient().chapter_8.one_by_one
07  for row in handler.find({}, {'salary': 1}):
08      salary = int(row['salary'])
09      new_salary = salary + 100
10      handler.update_one({'_id': row['_id']}, {'$set': {'salary': str(new_salary)}})
11  end_time = time.time()
12  print('逐条更新数据，耗时：', end_time - start_time)
```

其中，主要代码说明如下。

- 第 7 行代码：读取所有数据，并只输出"_id"字段（默认输出）和"salary"字段。
- 第 8 行代码：把"salary"字段转换为整型数据。
- 第 10 行代码：根据"_id"字段把新的"salary"字段更新到数据库中。

代码运行效果如图 8-5 所示，逐条更新 119 808 条数据耗时 68.7 秒，比逐条插入数据的时间还长。

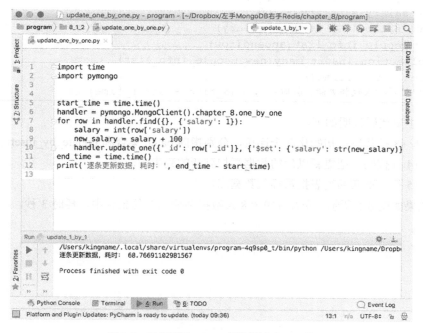

图 8-5　逐条更新 119808 条数据耗时 68.7 秒

2. 用插入数据代替更新数据

对于必需逐条更新大量数据的情况，也可以使用插入代替更新来提高性能。

基本逻辑是：把数据插入到另一个集合中，然后删除原来的集合，再把新集合改名为原来的集合。

示例代码如下：

代码 8-8　测试使用插入数据代替更新数据的耗时

```
01  import time
02  import pymongo
03
04
05  start_time = time.time()
06  db = pymongo.MongoClient().chapter_8
07  batch = db.batch
08  new_collection = db.update_by_insert
09  new_people_info_list = []
10  for row in batch.find():
11      salary = int(row['salary'])
12      new_salary = salary + 100
13      row['salary'] = str(new_salary)
14      new_people_info_list.append(row)
15  new_collection.insert_many(new_people_info_list)
16  end_time = time.time()
17  print('使用插入代替更新，耗时：', end_time - start_time)
```

其中，主要代码说明如下。

- 第 6~8 行代码：初始化两个连接，分别指向 batch 集合和 update_by_insert 集合。
- 第 14 行代码：把更新以后的数据添加到新的列表中。
- 第 15 行：把新的列表批量插入数据库。

运行效果如图 8-6 所示。更新 119 808 条数据并插入新的集合中，耗时 3 秒。

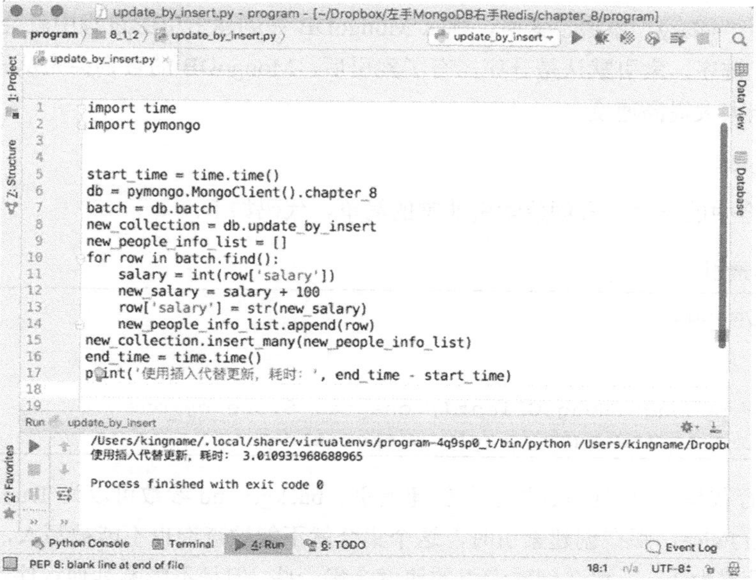

图 8-6　使用插入代替更新，耗时 3 秒

更新完成以后，删除原来的 batch 集合，再把新的集合 update_by_insert 改名为"batch"，就变相完成了数据的批量更新。

8.1.3　实例 28：使用"索引"提高查询速度

实例描述

为 one_by_one 集合的"salary"字段增加索引，从而提高查询速度。

在一个集合的数据量到达千万量级以后，查询速度会变得非常缓慢，这时就需要使用索引来加快查询速度。

索引是一种特殊的数据结构，它使用了能够快速遍历的形式记录了集合中数据的位置。

如果不使用索引，则每一次查询数据 MongoDB 都会遍历整个集合；而如果使用了索引，则 MongoDB 会直接根据索引快速找到需要的内容。

1．原理比较

举例：在集合 one_by_one 中，要查询所有"salary"字段大于 10000 的记录。

- 如果没有对 salary 添加索引，那么 MongoDB 就会一条一条地检查，如果"salary"大于 10000 就记录下来。直到把所有记录遍历完，然后输出所有满足"salary"大于 10000 的记录。

- 如果为"salary"添加了索引,那么 MongoDB 在创建索引的过程中就会对"salary"的值进行排序,索引默认是升序。有了索引后,MongoDB 的查询会先从索引中寻找,于是就能大大提高速度。

2. 创建索引

对一个集合中的一个字段创建索引非常的简单,代码如下:

代码 8-9　创建索引

```
01  import pymongo
02
03
04  handler = pymongo.MongoClient().chapter_8.one_by_one
05  handler.create_index('salary', background=True)
```

其中第 5 行代码,对"salary"字段创建索引。background 参数可以为 True 或者为 False。
- 如果为 False,那在创建索引时,这个集合就不能被查询也不能被写入,但是速度快。
- 如果设置为 True,那么创建索引的速度会慢一些,但是不影响其他程序读写这个集合。

对一个字段添加索引以后,千万量级的数据在一秒内就可以查询出结果。

对一个字段,索引只需要添加一次,之后插入的新数据 MongoDB 都会自动处理。

索引是以空间换时间。集合中的数据越多,索引占用的硬盘空间就越多。所以,只对必要的字段添加索引,不要对所有字段都添加索引。

_id 默认自带索引,不需要添加。

8.1.4　实例 29:引入 Redis,以降低 MongoDB 的读取频率

实例描述

使用 Redis,以降低 MongoDB 的查询频率,从而提高新闻爬虫的爬取效率。

(1)读取 MongoDB 的数据并存入 Redis 集合中。

(2)使用 Redis 集合的"sadd"命令,在判断数据是否存在的同时添加新的数据。

即使字段有了索引,但如果程序频繁读取 MongoDB,还是会影响性能。

1. 何时需要降低 MongoDB 的读取频率

假设,需要实现一个新闻网站的爬虫,让它会去各个新闻网站爬取新闻,然后存入 MongoDB 中。为了不存入重复的新闻,爬虫需要根据新闻标题来判断新闻是否已经在数据库中了。

如果每一条新闻标题去查询 MongoDB 看是否已经重复,这显然会严重影响性能。为了防止频繁读 MongoDB,则可以引入 Redis 以降低 MongoDB 的读取频率。

2. 具体方法

假设新闻保存在 chapter_8 库中的 news 集合中。一开始 news 集合里面已经有不少新闻了。

当爬虫启动时，先读取一次 news 中的全部新闻标题，并把它们放在 Redis 中名为 news_title 的集合中。接下来，就不需要读取 MongoDB 了。

爬虫每爬取到一条新的新闻，就先使用"sadd"命令将其添加到 Redis 的集合中：

- 如果返回 1，则表示以前没有这条新闻，将其插入到 MongoDB 中。
- 如果返回 0，则表示以前已经有这条新闻了，直接丢弃。

示例代码片段如下：

代码 8-10　使用 Redis 判断是否需要插入数据

```
01  def init():
02      all_title = mongo_handler.distinct('title')
03      redis_client.sadd('news_title', *all_title)
04
05
06  def need_insert_news(news_title):
07      if redis_client.sadd('news_title', news_title) == 1:
08          return True
09      return False
```

其中，主要代码说明如下。

- 第 2 行代码：获取所有新闻标题。
- 第 3 行代码：把新闻标题全部添加到 Redis 中名为"news_title"的集合中。
- 第 7 行代码：添加并判断新闻标题是否已经在 news_title 集合中。如果已经存在，则返回 0；如果不存在，则返回 1，并将其添加进入 Redis 集合中。

由于 Redis 的读写速度远远快于 MongoDB，因此使用 Redis 可避免频繁读取 MongoDB 从而大大提高程序性能。

8.1.5　实例 30：增添适当冗余信息，以提高查询速度

实例描述

对于 one_by_one 数据集，快速查询"age"字段小于 10，"salary"字段大于 10000 的数据。在查询的过程中，需要解决"age"和"salary"字段都是字符串的问题。

在插入数据时，提前根据"age"与"salary"字段的值添加一个额外的字段"special_person"，这个字段的值用来记录这个人是不是满足要求。

所谓的冗余信息，也就是"多余的信息"，即根据其他已有信息可以推算出来的信息。但有时多余的信息对提高查询性能反而有帮助。

1．提出问题

还是以 one_by_one 中的数据为例。假设定义一个身份"特殊人员"，这种身份需要满足的条件是：age 小于 10，salary 大于 10000。

问题是，age 和 salary 两个字段的值都是字符串，而且字符串的长度不一样，无法正确用数字的方式比较大小。

例如字符串"5"就大于"10"，因为第一个字符"5"大于"1"，这就导致查询 age 小于字符串 10 时会漏掉字符串 2~9。

这种情况下，要查询所有的"特殊人员"，无论是把数据全部读出来然后用 Python 将其转换为整数来判断，还是使用第 7 章讲到的聚合查询，都非常麻烦。

> **提示：**
> 如何比较字符串型数字的大小？
> 我们知道，数字 9 显然是小于数字 100 的，但在字符串型的数字中却不是这么一回事。因为字符串比较大小是从左到右逐一比较的。例如字符串 9 和字符串 100，首先比较 9 和 1，发现 9 大于 1，那么就判定字符串 9 大于字符串 100。
> 如果非要比较字符串型的数字怎么办呢？那就要让字符串型的数字保持相同的长度，长度不足的左侧补 0。那么字符串 9 实际上应该是 009。009 和 100 比大小，显然 0 小于 1，所以 009 小于 100。

2．解决问题

如果在插入数据库时就添加一个字段"special_person"，满足条件就是 True，不满足条件就是 False。那查询时就简单了，直接查询所有 special_person 字段为 True 的数据即可，如图 8-7 所示。

这里添加的 special_person 就属于一种冗余信息。因为根据 age 和 salary 已经可以判断一个人是不是"特殊人员"，添加 special_person 这个字段看起来多此一举。但是在查询时，它所带来的便利是显而易见的。

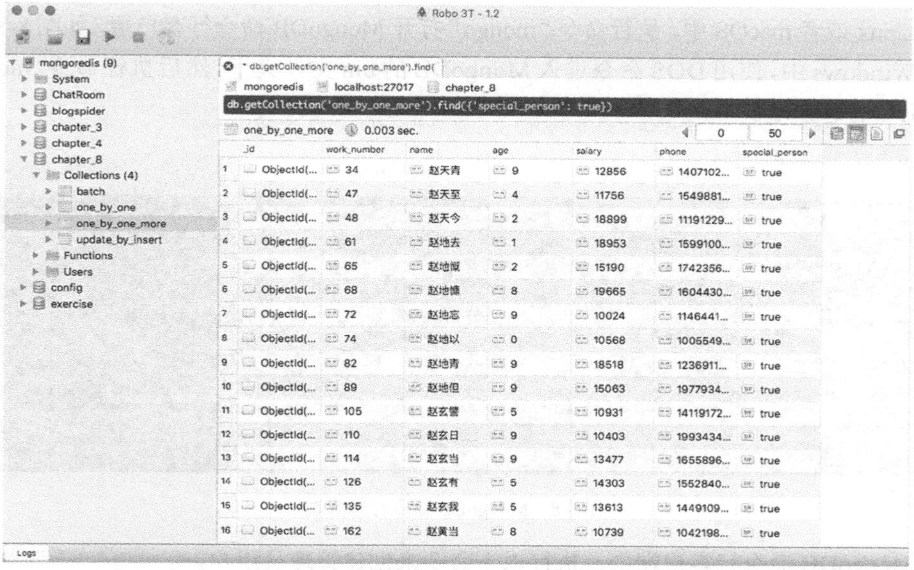

图 8-7　使用冗余信息查询数据

8.2　提高 MongoDB 的安全性

MongoDB 默认没有密码，且只有运行 MongoDB 电脑上的程序能够访问。实际上 MongoDB 也是可以设置远程访问的。但是一旦开启了外网访问，就一定要设置账号和密码，否则可能会导致安全隐患，甚至遭遇勒索敲诈。

8.2.1　配置权限管理机制

MongoDB 默认没有账号和密码，只要连上了它就可以查询、修改、增加、删除任何内容。

为了增强 MongoDB 的安全性，需要配置基于角色的访问控制（Role-Based Access Control，RBAC）机制。

RBAC 机制涉及三个关键定义：角色（Roles）、特权（Privileges）和用户（Users）。
- 特权是指一些资源和能够在资源上进行的操作。
- 一个角色可以有多种特权。
- 一个用户可以有被赋予不同的角色。

1. 创建管理员用户

管理员用户的作用是创建其他用户。管理员用户本身不能对数据库进行控制。

在 Linux 或者 macOS 中，执行命令"mongo"打开 MongoDB 命令行客户端，如图 8-8 所示。

在 Windows 中，使用 DOS 命令进入 MongoDB 的 bin 文件夹下，然后执行命令"mongo.exe"来启动命令行客户端。

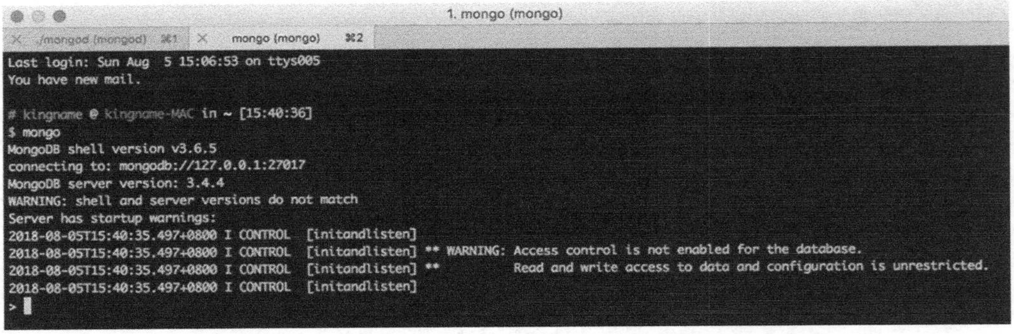

图 8-8　MongoDB 命令行客户端

在 MongoDB 命令行客户端中，执行以下命令来创建管理员用户。

代码 8-11　在 MongoDB 命令行中创建管理员用户

```
01  use admin
02  db.createUser(
03  {
04   user: 'admin',
05   pwd: 'kingnameisgenius',
06   roles:[{role: 'userAdminAnyDatabase', db: 'admin'}]
07  }
08  )
```

其中，主要代码说明如下。

- 第 1 行代码：切换到 admin 数据库。admin 数据库是 MongoDB 自带的数据库。
- 第 3～9 行代码：创建管理员，账号名称为 admin，密码为 kingnameisgenius，角色为 userAdminAnyDatabase，控制的数据库为 admin。

提示：

这里的写法有点像 JavaScript 的写法，每一个参数换行，但第 3～9 行其实本质上是一条命令。

运行效果如图 8-9 所示。

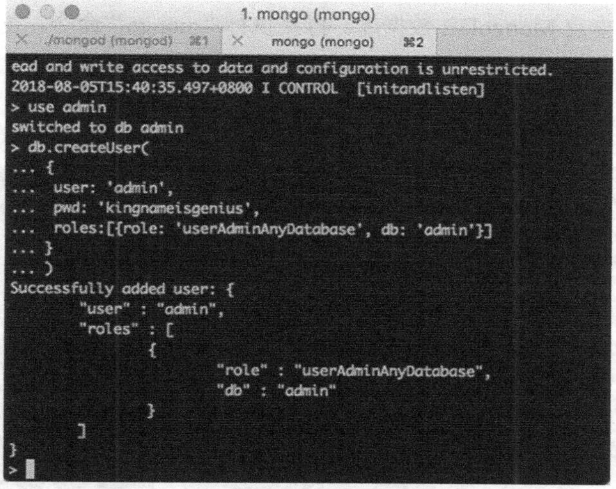

图 8-9 切换到 admin 数据库并创建管理员

创建好管理员账户以后，在 MongoDB 命令行客户端中直接输入 "exit" 后按回车键，即可退出 MongoDB 命令行客户端。

修改第 3 章创建的配置文件 mongodb.conf，添加如下两行内容：

```
security:
  authorization: enabled
```

效果如图 8-10 所示。

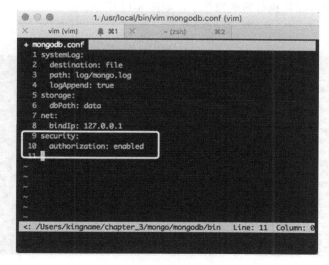

图 8-10 启用权限管理功能

保存配置文件并重启 MongoDB 数据库。再次执行"mongo"命令，发现虽然能够连上数据库，但是已经不能执行常规操作了，如图 8-11 所示。

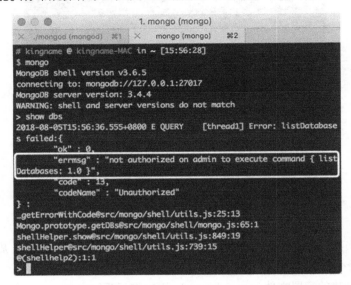

图 8-11　启动权限管理以后直接使用命令行客户端已经不能正常操作了

要正常使用命令行客户端，必需把 mongo 的启动命令修改为：

```
mongo -u 'admin' -p 'kingnameisgenius' --authenticationDatabase 'admin'
```

启动以后发现可以正常执行常规操作了，如图 8-12 所示。

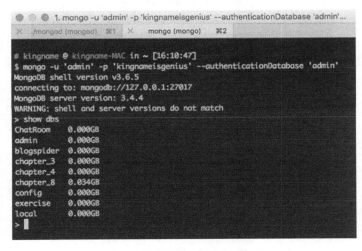

图 8-12　带参数启动命令行客户端

2. 创建普通用户

管理员账户是没有权限操作普通数据库的。要操作普通数据库，还需要创建普通用户。

使用管理员账户登录命令行客户端后，执行以下命令创建一个对 chapter_8 数据库有读写权限，对 chapter_4 只有读权限的普通用户。

代码 8-12　在 MongoDB 命令行中创建普通用户

```
01  use chapter_8
02  db.createUser(
03  {
04    user: 'kingname',
05    pwd: 'kingnameisgenius',
06    roles: [{role: 'readWrite', db: 'chapter_8'},
07            {role: 'read', db: 'chapter_4'}]
08  })
```

运行效果如图 8-13 所示。

图 8-13　添加 kingname 用户

3. 使用 Robo 3T 连接有账号的 MongoDB

启动权限管理并添加账号以后，原来的 Robo 3T 已经不能正常连接 MongoDB 数据库了，如图 8-14 所示。此时，需要修改 Robo 3T 的连接设置。

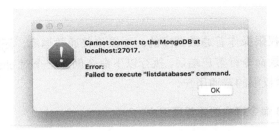

图 8-14　Robo 3T 不能正常连接 MongoDB

（1）在连接列表中，选中到本地 MongoDB 的链接，并单击"edit"链接（图中左上角），如图 8-15 所示。

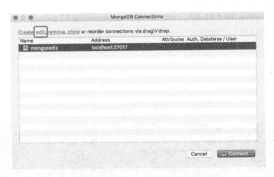

图 8-15　单击"edit"连接

（2）弹出连接设置对话框，切换至 Authentication 选项卡，勾选"Perform Authentication"复选框，填写被授权访问的数据库名，并填写用户名和密码，如图 8-16 所示。

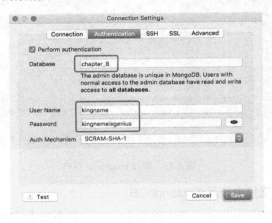

图 8-16　填写用户名和密码

（3）填写完成以后保存，就可以正常连接 MongoDB 了，如图 8-17 所示。

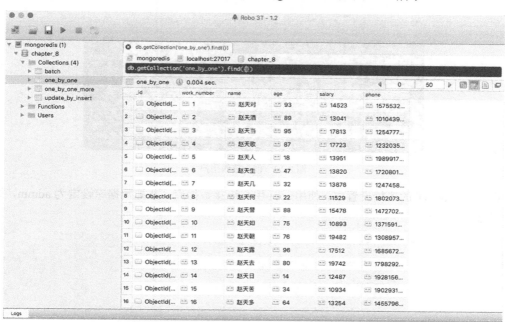

图 8-17　kingname 用户查看 chapter_8 数据库

4．创建能操作数据库的管理员用户

管理员（admin 账号）能创建其他用户，看似权限非常大，但它不能访问任何一个数据库。所以，如果有必要，还需要创建一个能对所有数据库都有全部权限的用户。

（1）在 MongoDB 的命令行客户端中，使用管理员（admin）连接 MongoDB，然后执行以下命令创建一个对所有数据库有完全控制权限的用户。

代码 8-13　创建能操作数据库的管理员

```
01  use admin
02  db.createUser(
03  {
04   user: 'root',
05   pwd: 'iamsuperuser',
06   roles: ['root']
07  })
```

（2）运行效果如图 8-18 所示。

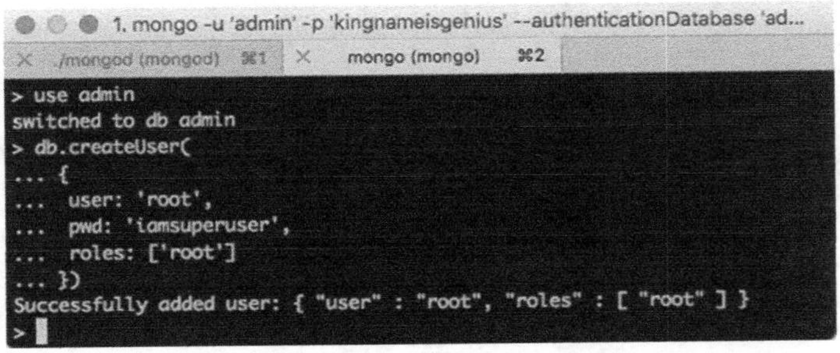

图 8-18　创建超级用户

（3）在 robo 3T 的连接设置中，使用 root 用户连接数据库，并把数据库设定为 admin，如图 8-19 所示。

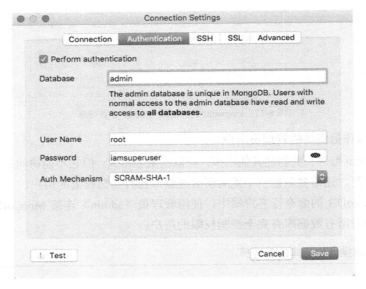

图 8-19　使用 root 用户连接数据库

（4）连接以后发现可以操作所有数据库了，如图 8-20 所示。

 提示：
能力越大责任越大，请慎重考虑是否有必要添加 root 用户。

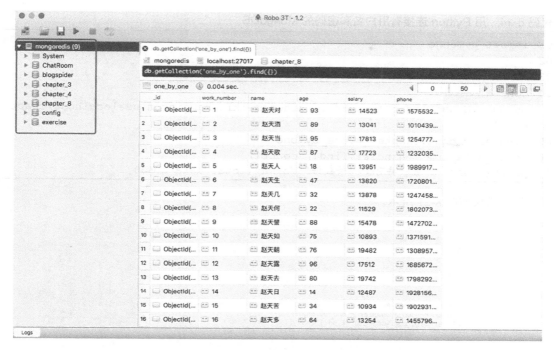

图 8-20　root 用户可以操作所有数据库

5．用 Python 连接有密码的 MongoDB

如果数据库设置了用户名和密码，那么在初始化数据库连接时，就需要使用 URI（Uniform Resource Identifier，统一资源标志符）的方式来注明连接方式。

MongoDB URI 的格式如下：

```
mongodb://用户名:密码@数据库地址:端口/数据库名
```

其中，除数据库地址外，其他参数全都可以省略。例如：

- 连接没有权限限制，端口默认的本地数据库：mongodb://localhost。
- 连接有账户密码，端口默认的本地数据库：mongodb://kingname:genius@localhost。
- 连接有账号密码，端口默认的远程数据库：mongodb://kingname:genius@10.11.212.37。
- 连接没有权限管理，端口为 8001 的远程数据库：mongodb://10.11.200.100:8001。
- 使用用户名 kinganme，密码 genius 连接远程的 chapter_8 数据库，MongoDB 端口为 8001：mongodb://kingname:genius@10.11.111.21:8001/chapter_8。

那么，在 Python 中，如果使用用户名 kingname，密码为 kingnameisgenius，连接本地 MongoDB 上面的 chapter_8 库，代码如下：

代码 8-14　用 Python 连接有用户名和密码的 MongoDB

```
01  import pymongo
02
03
04  conn = pymongo.MongoClient('mongodb://kingname:kingnameisgenius@localhost/chapter_8')
05  handler = conn.chapter_8.one_by_one
06  total_data_num = handler.find().count()
07  print('chapter_8一共有：{}条数据'.format(total_data_num))
```

运行效果如图 8-21 所示。

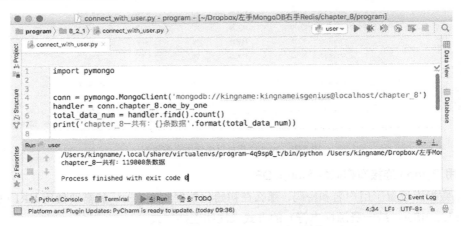

图 8-21　使用 Python 连接有用户名密码的数据库

提示：

如果使用的用户为 root，那么可以在 URI 中不需要指定数据库名，而写为：

mongodb://root:iamsuperuser@localhost

8.2.2　开放外网访问

要开放外网访问权限，只需要修改 MongoDB 的配置文件即可。打开配置文件，可以看到其内容如图 8-22 所示。

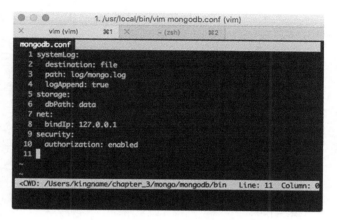

图 8-22 MongoDB 配置文件

配置文件中的第 8 行 "bindIp:127.0.0.1" 用来设置数据库能被哪个地方访问。当前设置为 127.0.0.1，表示只允许运行数据库的这台电脑中的其他程序访问。

在 Python 中，连接 MongoDB 使用的语句为：

```
import pymongo
conn = pymongo.MongoClient()
```

这里的 MongoClient 没有带参数，但 Pymongo 实际上使用的是默认域名 localhost，这个域名对应的 IP 地址就是 127.0.0.1。这一点可以通过阅读 PyMongo 的源代码得到确认，如图 8-23 和图 8-24 所示。

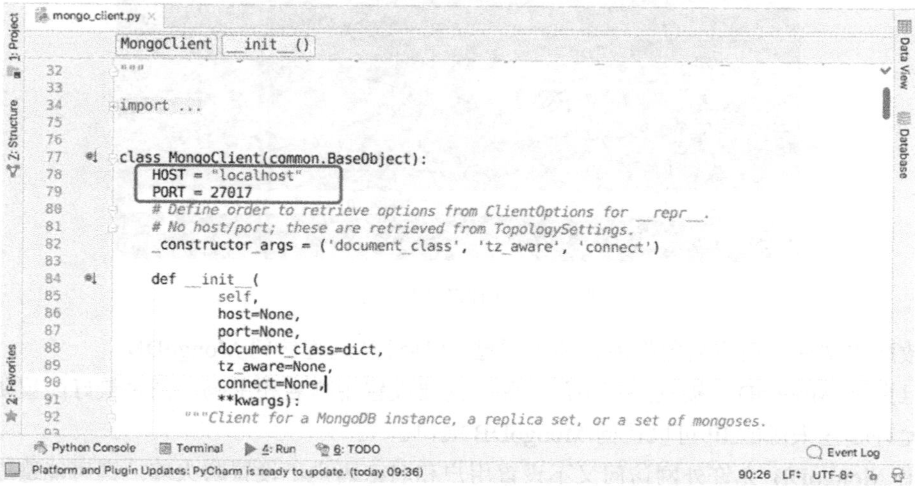

图 8-23　PyMongo 源代码

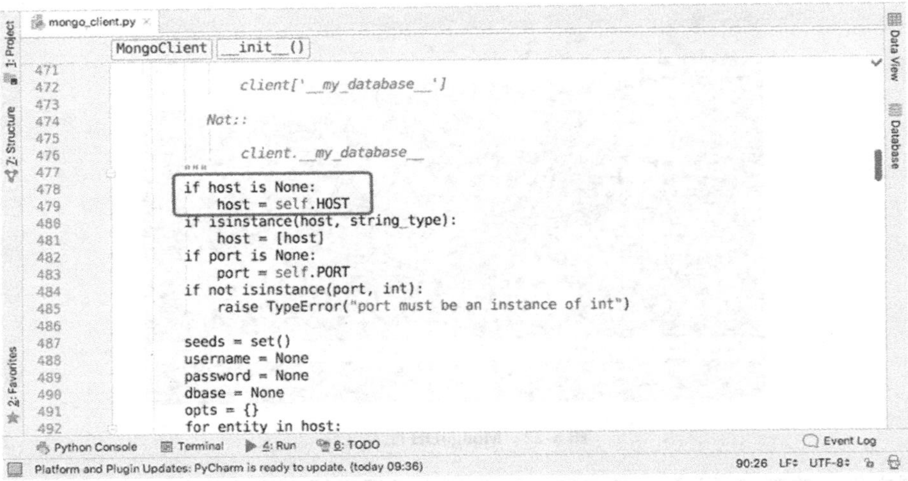

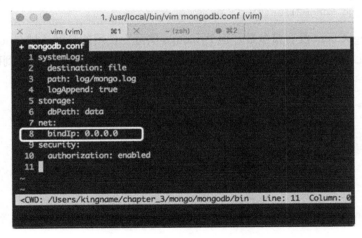

图 8-24　PyMongo 默认使用 localhost

如果希望从外网连接这个 MongoDB，则可以把它设置为 0.0.0.0。修改以后的 MongoDB 配置文件如图 8-25 所示。

图 8-25　允许来自外网的访问

修改配置文件以后重启数据库，即可通过 IP 地址从远程访问 MongoDB。

一旦允许 MongoDB 接收外网访问，那一定要设置用户名和密码，同时最好配置防火墙，指定只允许哪些来源的 IP 可以访问 MongoDB 端口。

如果 MongoDB 允许外网访问又不设置用户和名密码也不设置防火墙，则可能遭遇勒索攻击。攻击者会连上你的 MongoDB，然后把里面的内容全部清空并留下一条记录，表示他已经备份了数据库的内容，只要转账多少钱到某个账号就帮你恢复数据。但实际上攻击者只是清空数据，根本没有备份，所以即使交了钱也不能恢复数据。

本章小结

本章介绍了优化 MongoDB 数据库查询的几个方法，还介绍了如何为 MongoDB 设置账户权限并实行外网访问。

在实行外网访问时，一定要特别做好保护措施，确保数据的安全。

第 9 章

Redis的高级数据结构

Redis 有着丰富的数据结构，一些功能天然就适合使用 Redis 来开发。本章将介绍 Redis 中几个比较高级的数据结构和应用。

9.1 哈希表的功能和应用

哈希表（Hash Table）是一种数据结构，它实现了"键-值"（Key-Value）的映射。根据 Key 就能快速找到 Value。并且，无论有多少个键值对，查询时间始终不变。Python 的字典就是基于哈希表实现的。

在 Redis 中也有一个数据结构叫作哈希表。

在 Redis 中，使用哈希表可以保存大量数据，且无论有多少数据，查询时间始终保持不变。Redis 的一个哈希表里面可以储存$2^{32} - 1$（约等于 43 亿）个键值对。

9.1.1 实例 31：使用 Redis 记录用户在线状态

现在，一些论坛网站能够显示用户当前是在线状态还是离线状态。那这个功能是怎么实现的呢？其中一种实现方法就是基于 Redis 来实现。

实例描述

分别使用字符串和哈希表记录用户的在线信息，并比较在这个场景下哈希表相对于字符串有什么优势。

1. 使用字符串记录用户的在线状态

程序的逻辑非常简单，包括以下几个步骤：

（1）用户登录时，在 Redis 中添加一个字符串，Key 为用户账号，Value 为 1。

（2）用户退出网站时，从 Redis 中删除账号名对应的 Key。

（3）查询时，程序尝试从 Redis 中获取用户账号对应的字符串：如果值为1,则表示"在线"；

如果值为 None，则表示"不在线"。

完整的查询代码如下：

代码 9-1　使用 Redis 字符串记录用户在线信息

```
01  import redis
02
03  client = redis.Redis()
04
05
06  def set_online_status(user_id):
07      """
08      当用户登录网站时，调用这个函数在 Redis 中设置一个字符串
09      :param user_id: 用户账号
10      :return: None
11      """
12      client.set(user_id, 1)
13
14
15  def set_offline_status(user_id):
16      """
17      当用户退出网站时调用这个函数，从 Redis 中删除这个以用户账号为 Key 的字符串
18      :param user_id: 用户账号
19      :return: None
20      """
21      client.delete(user_id)
22
23
24  def check_online_status(user_id):
25      """
26      检查用户是否在线。如果在线，则得到用户账号对应的 Key 就会返回 1，否则返回 None
27      :param user_id: 用户账号
28      :return: bool
29      """
30      online_status = client.get(user_id)
31      if online_status and online_status.decode() == '1':
32          return True
33      return False
```

其中，主要代码说明如下。

- 第 3 行代码：连接本地的 Redis。
- 第 12 行代码：使用用户帐号作为 Key，在 Redis 中设置字符串。

- 第 21 行代码：从 Redis 中删除 Key 为用户账号的字符串。
- 第 30 行代码：从 Redis 中获取 Key 为用户帐号的字符串的值。如果这个字符串存在，则返回里面的值（在第 12 行设置的 1）；如果 Redis 没有这个 Key，则返回 None。
- 第 31～33 行代码：根据返回的值进行判断。如果返回 1，则说明用户现在在线；否则说明用户现在不在线。

整个逻辑过程非常简单而直观。功能也正常，看起来没有什么问题。

2．使用字符串保存在线状态的弊端

现在有 10 个账号同时在线，当对 Redis 执行列出所有 Key 的操作以后，看到的结果如图 9-1 所示。

如果有 1000 个用户同时在线，则 Redis 列出所有 Key 后的结果如图 9-2 所示。

图 9-1　10 个用户同时在线时的 Redis Key

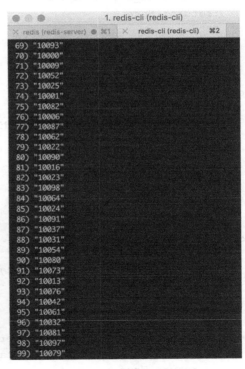

图 9-2　1000 个用户同时在线的 Redis Key

有多少个用户在线，就有多少个 Key。

现在，网站又加入了一个积分机制。每个用户都有一个积分数据，由于这个数据需要经常查询和修改，因此也使用 Redis 来保存。显然，如果使用用户账号作为 Key，积分作为 Value，

现在 Redis 看起来也没有什么问题。

那问题来了，在线信息使用用户账号作为 Key，积分信息也使用账号作为 Key，这不就冲突了吗？

于是有人给不同的 Key 加上了后缀。例如，记录用户是否在线，使用的 Key 为 "账号:online"。如果用户账号为 10032，那他的在线状态 Key 就是 "10032:online"。记录用户积分的 Key 为 "账号:score"，例如用户 10032 对应的积分 Key 为 "10032:score"。

> **提示：**
> 在 Redis 中，Key 中的冒号就是普通的字符，用来分割前缀和后缀，没有什么特殊意义。写成 "10032_online" 或者 "10032-score" 效果完全一样。

这样一来，假如有一万个用户同时在线，可能会在 Redis 中出现 2 万个 Key，或者更多。

3. 使用哈希表记录用户在线状态

使用哈希表来记录用户在线状态，只需要 1 个 Key。若要记录用户的积分信息，则再加一个 Key。原来用字符串时需要 2 万个 Key 实现的功能，现在使用哈希表只需要两个 Key 就能解决。

> **提示：**
> 哈希表与字符串的不同之处——哈希表在 Key 里面还有 "字段" 的概念。"字段" 下面才是 "值"。即一个哈希表的 Key 里面可以设置成百上千个键值对。

查询用户在线状态的小程序，如果使用哈希表来重构，则代码如下：

代码 9-2　使用哈希表记录用户在线状态

```
01  import redis
02
03  client = redis.Redis()
04
05
06  def set_online_status(user_id):
07      """
08      当用户登录网站时，调用这个函数。在 Redis 中，在名为 user_online_status 的哈希表中
    添加一个字段，字段名为用户账号，值为 1
09      :param user_id: 用户账号
10      :return: None
11      """
12      client.hset('user_online_status', user_id, 1)
```

```
13
14
15  def set_offline_status(user_id):
16      """
17      当用户登出网站时调用这个函数。从 Redis 中名为 user_online_status 的哈希表中删除一
    个字段，字段名为用户账号
18      :param user_id: 用户账号
19      :return: None
20      """
21      client.hdel('user_online_status', user_id)
22
23
24  def check_online_status(user_id):
25      """
26      检查用户是否在线。如果哈希表 user_online_status 中存在以用户账号为名的字段，则返
    回 True，否则返回 False
27      :param user_id: 用户账号
28      :return: bool
29      """
30      return client.hexists('user_online_status', user_id)
```

其中，主要代码说明如下。

- 第 12 行代码：向 Redis 中名为 user_online_status 的哈希表中添加一个字段，字段名为用户账号，值为 1。如果不存在名为 user_online_status 的哈希表，则自动创建一个。
- 第 21 行代码：从 Redis 中名为 user_online_status 的哈希表中删除一个字段，字段名为用户账号。
- 第 30 行代码：检查名为 user_online_status 的哈希表中是否有某个特定的字段，如果没有这个字段就返回 False，如果有这个字段就返回 True。

使用哈希表来保存 1000 个用户在线状态，运行效果如图 9-3 所示。

列出 Redis 中的所有 Key，可以看到 1000 个用户在线状态都储存在名为 user_online_status 这个 Key 里面。

列出这个 Key 中的所有键值，可以看到，在 Redis 命令行交互界面里面，输出结果是按照 "Key-Value-Key-Value" 的间隔顺序输出的。

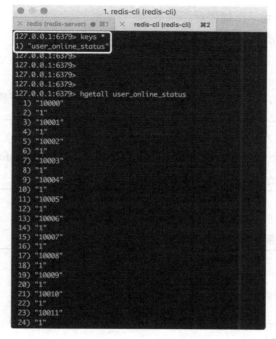

图 9-3 使用哈希表保存 1000 个用户在线状态

使用哈希表不仅可以减少 Key 的个数，还能优化储存空间。Redis 官方就特别说明，哈希表对存储结构进行过特殊的优化，储存相同的内容，占用的内存比字符串要小很多。

> **提示：**
> 著名图片社区 Instagram 在官方博客中发布过一篇文章，详细介绍了把一百万个键值对从 Redis 字符串迁移到哈希表的过程。
>
> https://instagram-engineering.com/storing-hundreds-of-millions-of-simple-key-value-pairs-in-redis-1091ae80f74c
>
> 使用字符串保存一百万个键值对需要 21GB 的存储空间，而改为哈希表以后，只需要 5GB 的存储空间。

9.1.2　实例 32：使用 Python 向哈希表中添加数据

哈希表一共有 15 个操作命令，对应到 Python 中就是 15 个方法。9.1.2 和 9.1.3 小节将介绍其中最常用的几个方法。

向哈希表中添加数据，使用的方法名为 hset 或者 hmset。

- hset 一次只能添加一个键值对。
- hmset 一次可以添加多个键值对。

代码格式为：

```
client.hset('Key', '字段名', '值')
client.hmset('Key', {'字段名1': '值1', '字段名2': '值2', '字段名n': '值n'})
```

实例描述

向 Redis 中添加一个哈希表用来记录用户信息，Key 为"people_info"，字段名为"姓名"，值为用户详细信息对应的 JSON 字符串。

代码如下：

代码 9-3　向哈希表中逐条添加数据和批量添加数据

```
01  import redis
02  import json
03  client = redis.Redis()
04
05  client.hset('people_info', '张小二', json.dumps({'age': 17, 'salary': 100, 'address': '北京'}))
06
07  other_people = {
08      '王小三': json.dumps({'age': 20, 'salary': 9999, 'address': '四川'}),
09      '张小四': json.dumps({'age': 30, 'salary': 0, 'address': '山东'}),
10      '刘小五': json.dumps({'age': 24, 'salary': 24, 'address': '河北'}),
11      '周小六': json.dumps({'age': 56, 'salary': 87, 'address': '香港'})
12  }
13
14  client.hmset('people_info', other_people)
15  print('添加完成')
```

其中，主要代码说明如下。

- 第 5 行代码：向名为"people_info"的哈希表中添加一个字段，字段名为"张小二"，值为一个 JSON 字符串。
- 第 7~12 行代码：创建一个用户信息字典，字典的 Key 是不同的人名，值为每个人信息的 JSON 字符串。
- 第 14 行代码：批量插入多人信息到名为"people_info"的哈希表中。

运行效果如图 9-4 所示。图中的中文被 Redis 转码了，但从英文和数字可以看出信息添加成功。

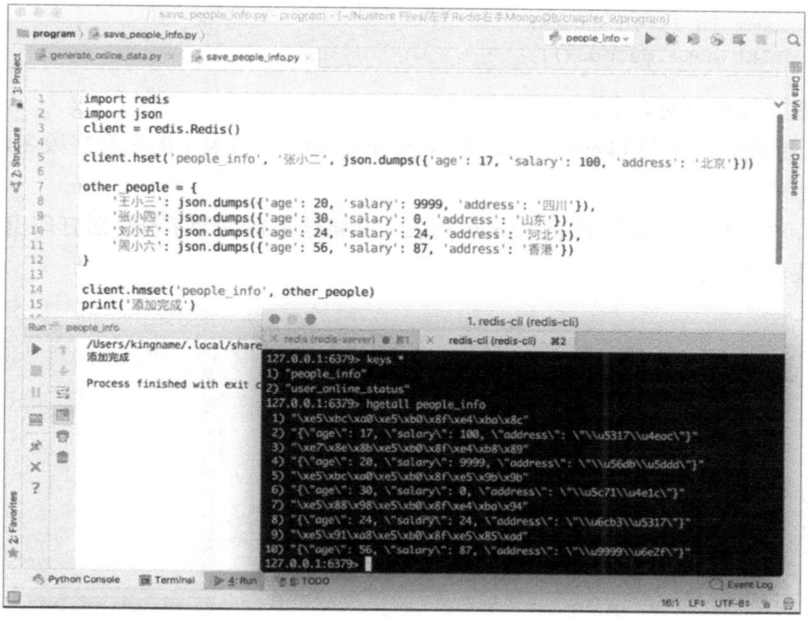

图 9-4　使用 Python 向哈希表中添加数据

9.1.3　实例 33：使用 Python 从哈希表中读取数据

实例描述

分别使用 4 个不同的命令（hkeys、hget、hmget 和 hgetall）从哈希表中读取数据，并对比这四个命令的不同。

1. hkeys

hkeys 用于获取所有字段的字段名，返回的数据是包含 bytes 型数据的列表。

使用格式为：

field_names = client.hkeys('哈希表名')

例如：

代码 9-4　读取哈希表的字段名

```
01    import redis
02
03    client = redis.Redis()
04
05    field_names = client.hkeys('people_info')
```

```
06    for name in field_names:
07        print(name.decode())
```

其中,主要代码说明如下。

- 第 5 行代码:使用 hkeys 方法,获取 people_info 哈希表中的所有字段名,结果为一个列表。
- 第 6、7 行代码:展开 field_names 列表,并将结果解码为字符串后打印出来。

运行效果如图 9-5 所示。

图 9-5　获取哈希表所有字段名

2. hget、hmget、hgetall

- hget:获取一个字段的值。
- hmget:一次性获取多个字段的值。
- hgetall:获取一个哈希表中的所有字段名和值。

它们的使用格式为:

```
client.hget('哈希表名', '字段名')
client.hmget('哈希表名', ['字段名1', '字段名2', '字段名n'])
client.hgetall('哈希表名')
```

例如:分别实现从哈希表中读取一个、多个和全部字段的值,见代码 9-5。

代码 9-5　从哈希表中读取数据

```
01 import redis
02
03 client = redis.Redis()
04 # 获取一条数据
05 info = client.hget('people_info', '张小二')
```

```
06     print(info.decode())
07
08 # 获取多条数据
09 info_list = client.hmget('people_info', ['王小三', '刘小五'])
10 for info in info_list:
11     print(info.decode())
12
13 # 获取所有字段名和值
14 all_info = client.hgetall('people_info')
15 print(all_info)
```

其中，主要代码说明如下。

- 第 5 行代码：从名为 people_info 的哈希表中获取字段名为"张小二"的值。
- 第 6 行代码：由于从 Redis 获取的值是 bytes 型数据，所以要将其解码为字符串后再打印。
- 第 9 行代码：从名为"people_info"的哈希表中同时获取，名为"王小二"和"刘小五"这两个字段的值。
- 第 10、11 行代码：由于 hmget 返回的结果是列表，所以用 for 循环展开。
- 第 14 行代码：获取"people_info"哈希表中的所有字段名和值。返回的结果是一个字典，但是字典的 Key 和 Value 全都是 bytes 型的数据。

运行效果如图 9-6 所示。

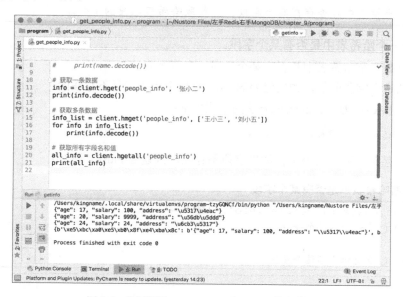

图 9-6　分别使用 hget、hmget 和 hgetall 获取数据

需要注意以下几点：
- 使用 hget 方法时，无论是哈希表名不存在或者字段名不存在，都会返回 None。
- 使用 hmget 时，如果哈希表名不存在，则返回的列表所有元素都是 None；如果哈希表中部分字段存在，部分字段不存在，则返回值列表中不存在的字段值表示为 None。
- 在 hgetall 方法返回的字典中，Key 和 Value 都是 bytes 型的数据，因此如果要查询里面的结果，也需要使用 bytes 型的数据，例如：

代码 9-6　对哈希表中的中文进行解码以显示

```
01  all_data = client.hgetall('people_info')
02
03  # 查询张小二的数据
04  xiaoer = all_data['张小二'.encode()]
05
06  # 由于返回的 xiaoer 也是一个 bytes 型的数据，所有，如果要查看则需要解码
07  print(xiaoer.decode())
```

9.1.4　实例 34：使用 Python 判断哈希表中是否存在某字段，并获取字段数量

实例描述

判断一个哈希表中是否存在某个字段，并获取哈希表字段的个数。

1．判断一个哈希表中是否有某个字段。

如果要判断一个哈希表中是否有某个字段，有两个方法：

（1）获取这个字段的值，如果值为 None，则这个字段就是不存在的。

（2）使用 hexists 方法。hexists 方法的格式如下：

client.hexists('哈希表名', '字段名')

如果字段存在，则返回 True；如果字段不存在，则返回 False。例如：

代码 9-7　判断哈希表中是否有某个字段

```
01  if client.hexists('people_info', '张小二'):
02      print('有张小二这个字段')
03  else:
04      print('没有张小二这个字段')
```

> **提示：**
> 如果哈希表名不存在，则 hexists 的第 2 个参数无论是什么都会返回 False。

2. 查看一个哈希表中有多少个字段。

如果需要知道一个哈希表中有多少个字段，则可以使用 hlen 方法。

hlen 方法的格式如下：

```
client.hlen('哈希表名')
```

如果哈希表名存在，则返回字段数；如果哈希表不存在，则返回 0。例如：

```
field_num = client.hlen('people_info')
print(f'people_info哈希表中一个有{field_num}个字段')
```

9.1.5 实例 35：在 Redis 交互环境 redis-cli 中读/写哈希表

Redis 命令行交互环境对哈希表的显示不太直观，因此只做简单介绍。

实例描述

在 redis-cli 中，分别实现以下功能：

（1）向哈希表中添加内容。

（2）从哈希表中读取数据。

（3）判断字段是否存在。

（4）查看字段个数。

1. 向哈希表中添加内容

在 redis-cli 中，向哈希表中添加数据使用的命令是 "hset" 和 "hmset"，它们的格式如下：

```
hset 哈希表名 字段名 值
hmset 哈希表名 字段名1 值1 字段名2 值2 字段名n 值n
```

例如：

```
hset people_info 赵老六 '{"age": 100, "salary": 10, "address": "北京"}'
hmset book_info 论语 32 中庸 48 大学 50
```

运行效果如图 9-7 所示。

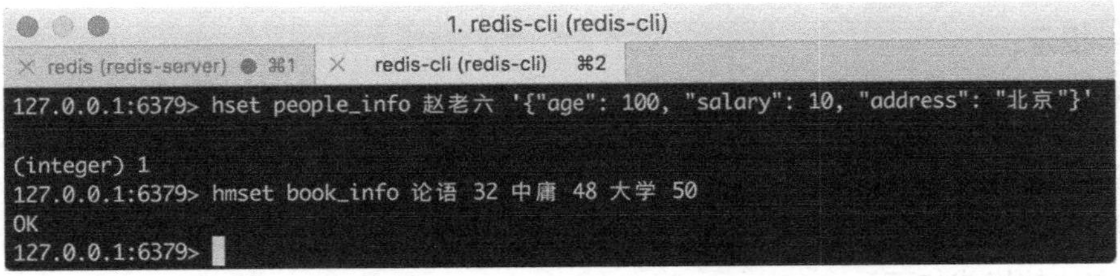

图 9-7 在 redis-cli 中添加数据

2. 从哈希表中读取数据

从哈希表中读取数据，分别对应的命令为 "hkeys" "hget" "hmget" "hgetall"。它们的格式如下：

```
hkeys 哈希表名
hget 哈希表名 字段名
hmget 哈希表名 字段名1 字段名2 字段名3
hgetall 哈希表名
```

例如：

```
hkeys book_info
hget book_info 论语
hmget book_info 论语 大学
hgetall book_info
```

运行效果如图 9-8 所示。

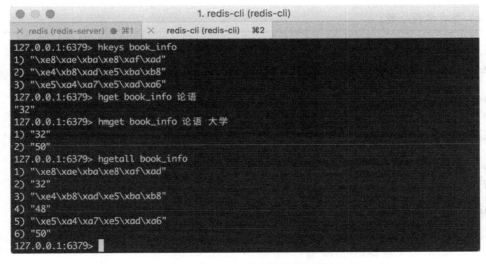

图 9-8 在 redis-cli 中获取哈希表数据

3. 判断字段是否存在和获取字段数量

判断字段是否存在使用的命令为"hexists"，获取字段数量使用的关键字为"hlen"。它们的格式如下：

```
hexists 哈希表名 字段名
hlen 哈希表名
```

执行 hexists 时，如果字段存在，则返回 1；如果字段不存在，则返回 0。

例如：

```
hexists book_info 论语
hlen book_info
```

运行效果如图 9-9 所示。

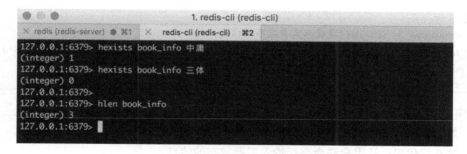

图 9-9　在 redis-cli 中判断字段是否存在并获取字段数

9.2　发布消息/订阅频道

Redis 的"发布/订阅"模式是一种消息通信模式，实现了一对多的消息实时发布功能。

9.2.1　实例 36：实现一对多的消息发布

实例描述

分别使用 Redis 的字符串和"发布/订阅"模式实现一对多的消息通信，比较这两种方式的差异。

1. 使用字符串实现一对多的消息发布功能

使用字符串来实现一对多的消息发布功能，逻辑非常简单：

（1）定好一个字符串 Key，例如 message。

（2）发送端使用字符串的 set 操作把新信息设置到这个 Key 中。

（3）多个接收端不停获取 message 的值。如果发现值变化了，则认为来了新的消息，接收并保存。

使用字符串实现一对多的消息发布功能，代码分为发送端和接收端。

（1）发送端代码：

代码 9-8　使用字符串实现一对多的消息发布（发送端代码）

```
01  import redis
02  import datetime
03  import json
04
05
06  client = redis.Redis()
07
08  while True:
09      message = input('请输入需要发布的信息：')
10      now_time = datetime.datetime.now().strftime('%Y-%m-%d %H:%M:%S')
11      data = {'message': message, 'time': now_time}
12      client.set('message', json.dumps(data))
```

其中，主要代码说明如下。

- 第 8 行代码：使用一个无限循环来实现持续发布消息。
- 第 9 行代码：让用户在命令行输入需要发布的信息。
- 第 10 行代码：记录当前的时间，时间格式为 "2018-08-19 11:29:12"。
- 第 11 行代码：把信息和时间组装为一个字典。
- 第 12 行代码：以 JSON 格式把信息设置到 Redis 的 message 字符串中。

（2）接收端的代码如下：

代码 9-9　使用字符串实现一对多的消息发布（接收端代码）

```
01  import redis
02  import time
03  import json
04
05  client = redis.Redis()
06  print('开始接收消息...')
07  last_message_time = None
08  while True:
09      data = client.get('message')
10      if not data:
11          time.sleep(1)
```

```
12          continue
13      info = json.loads(data.decode())
14      message = info['message']
15      send_time = info['time']
16      if send_time == last_message_time:
17          # 这条信息已经接收过了，不需要重复接收
18          time.sleep(1)
19          continue
20      print(f'接收到新信息：{message}，发送时间为：{send_time}')
21      last_message_time = send_time
```

其中，主要代码说明如下。
- 第 7 行代码：初始化时间记录变量。
- 第 8 行代码：使用一个无限循环来持续接收数据。
- 第 9 行代码：读取 Redis 中名字为 message 的字符串。
- 第 10~12 行代码：message 这个 Key 可能不存在，此时返回 None。遇到这种情况就等待 1 秒以后跳过本次循环。
- 第 13~15 行代码：使用 json 模块解析 JSON 字符串，以获取信息和发送时间。
- 第 16~19 行代码：如果信息的发送时间与上一条信息的发送时间一样，则说明是同一条信息，不需要打印出来。
- 第 21 行代码：更新时间记录变量。

发送端的运行效果如图 9-10 所示。

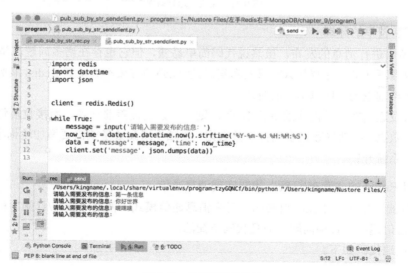

图 9-10　发送端运行效果

接收端的运行效果如图 9-11 所示。

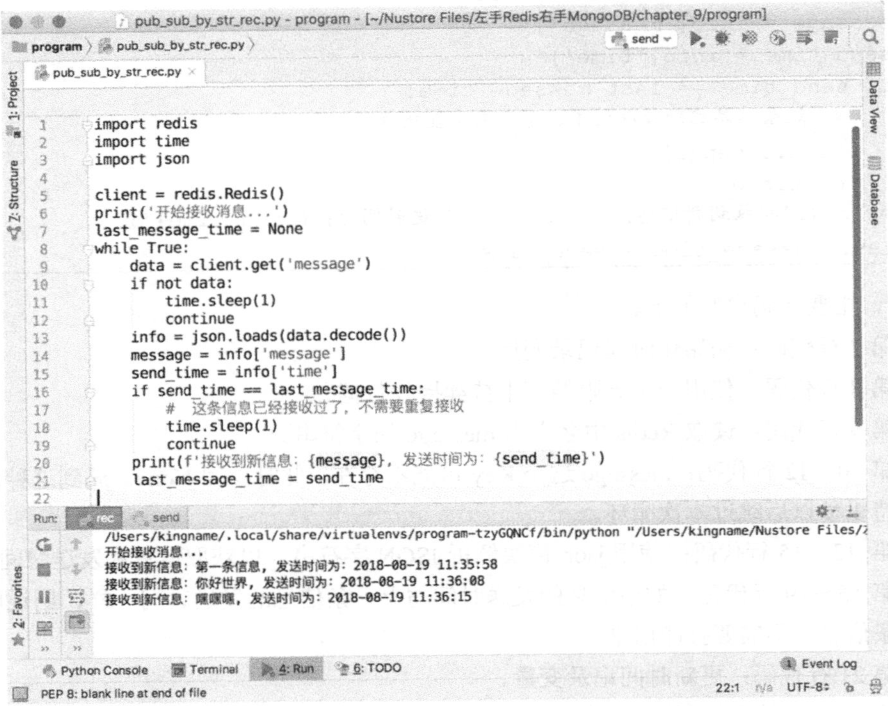

图 9-11　接收端运行效果

2．使用字符串的弊端

使用字符串进行消息的发布，虽然说代码简单易懂，但它也存在诸多问题。举例如下：

- 接收端不知道发送端什么时候发布消息，因此必须持续不断检查 Redis，浪费系统资源。
- 由于轮询查询，所以消息有延迟。
- 如果发送端在 1 秒内连续更新 10 条，则后一条会覆盖前一条，而接收端每 1 秒才获取一次数据，必然导致最多漏掉 9 条数据。要减少遗漏数量就需要增加轮询频率，进一步增大系统开销。

3．使用 Redis 的"发布/订阅"模式实现消息通信

"发布/订阅"模式是 Redis 自带的一对多消息通信模式。使用"发布/订阅"模式不仅可以解决字符串通信遇到的各种问题，而且代码更简洁。

（1）发送端代码如下。

代码 9-10　使用 "发布/订阅" 模式实现一对多消息通信（发送端代码）

```
01  import redis
02  import json
03  import datetime
04
05
06  client = redis.Redis()
07
08  while True:
09      message = input('请输入需要发布的信息')
10      now_time = datetime.datetime.now().strftime('%Y-%m-%d %H:%M:%S')
11      data = {'message': message, 'time': now_time}
12      client.publish('pubinfo', json.dumps(data))
```

其中，主要代码说明如下。
- 第 8 行代码：进入无限循环，不停发布信息。
- 第 9 行代码：获取用户在命令行输入的内容。
- 第 10 行代码：获取当前的时间，并转化为 "2018-08-19 13:23:00" 这种格式。
- 第 11 行代码：把信息和当前时间组装为一个字典。
- 第 12 行代码：把信息以 JSON 字符串的形式发布到名为 pubinfo 的频道中。

（2）接收端代码如下。

代码 9-11　使用 "发布/订阅" 模式实现一对多消息通信（接收端代码）

```
01  import redis
02  import json
03
04  client = redis.Redis()
05  listener = client.pubsub(ignore_subscribe_messages=True)
06  listener.subscribe('pubinfo')
07  for message in listener.listen():
08      data = json.loads(message['data'].decode())
09      print(f'接收到新信息：{data["message"]}，发送时间为：{data["time"]}')
```

其中，主要代码说明如下。
- 第 5 行代码：生成一个发布/订阅对象，并忽略订阅成功的消息。
- 第 6 行代码：订阅名为 pubinfo 的频道。
- 第 7~9 行代码：从频道中获取信息并打印。

9.2.2 实例37：在Python中发布消息/订阅频道

实例描述

在Python中操作Redis，使用"发布/订阅"模式实现以下功能：

（1）向一个频道中发布消息。

（2）订阅多个频道。

"发布/订阅"模式在Redis中只有6个命令，对应到Python中有6个方法。

1．发布消息

在Python中向一个频道发送消息，代码和向Redis字符串设置值一样简单，差别只是使用的方法名为"publish"，格式如下：

```
client.publish('频道名', '消息')
```

例如代码9-12。

代码9-12 使用Python向一个频道发布消息

```
import redis
client = redis.Redis()
client.publish('pubinfo', 'message')
```

2．订阅频道

订阅频道涉及的步骤稍微多一些。首先需要生成一个"发布/订阅"对象，然后使用这个对象来订阅频道。订阅频道以后，循环从频道里面获取数据。

（1）一个订阅实例只订阅一个频道。

格式为：

代码9-13 使用Python订阅频道

```
01 listener = client.pubsub()
02 instener.subcribe('频道名')
03 for message in instener.listen():
04     print('每一条信息')
```

第3行的instener.listen()是一个阻塞式的方法。程序运行到这里，如果频道里面没有数据，则程序就会"卡住"，直到频道里面有了新的信息，才会继续运行后面的代码。

第3行的for循环获得的message是一个字典，它的内容有两种情况。

- 第1次进入for循环时，数据为：

```
{'type': 'subscribe', 'pattern': None, 'channel': b'pubinfo', 'data': 1}
```

这条信息表明订阅频道"pubinfo"成功。如果不想显示这一条内容，则在初始化"发布/订阅"对象时，可以指定一个参数：ignore_subscribe_messages=True。
- 从第 2 次循环开始就是正式的频道信息，格式为：

```
{'type': 'message', 'pattern': None, 'channel': b'pubinfo', 'data': b'{"message":
"yy", "time": "2018-08-19 13:38:58"}'}
```

发送端发送的信息，保存在字典的 data 这个 Key 对应的值里面，还是 bytes 型的数据，需要解码为字符串以后做进一步处理。

（2）一个"发布/订阅"实例可以订阅多个频道。

一个"发布/订阅"实例可以订阅多个频道，格式为：

```
listener = client.pubsub()
listener.subscribe('频道名 1', '频道名 2', '频道名 n')
```

例如代码 9-14。

代码 9-14 在一个发布订阅实例中订阅多个频道

```
01  import redis
02  import json
03
04  client = redis.Redis()
05  listener = client.pubsub(ignore_subscribe_messages=True)
06  listener.subscribe('computer', 'math', 'shopping')
07  for message in listener.listen():
08      channel = message['channel'].decode()
09      data = message['data'].decode()
10      print(f'频道：{channel} 发了一条新信息：{data}')
```

其中，主要代码说明如下。
- 第 5 行代码：生成"发布/订阅"对象，并且不显示订阅成功信息。
- 第 6 行代码：订阅 computer、math、shopping 三个频道。
- 第 7 行代码：使用 for 循环获取频道发布的信息。
- 第 8 行代码：获取这一条信息属于哪一个频道。
- 第 9~10 行代码：获取信息内容并打印。

运行效果如图 9-12 所示。

图 9-12　订阅多个频道

3. "发布/订阅"模式的注意事项

"发布/订阅"模式的工作过程就像收音机的广播一样，只有调到了这个频道，才能收到信息，而之前的信息就都丢失了。例如，发送端先发送 10 条信息，再启动接收端，则接收端是没有办法收到先发送的 10 条信息的。

可以有非常多的接收端同时订阅一个频道。一旦这个频道有消息发布，所有接收端都会收到信息。

9.2.3　实例 38：在 redis-cli 中发布消息/订阅频道

实例描述

在 redis-cli 中使用"发布/订阅"模式，实现以下功能：

（1）向一个频道中发布消息。

（2）订阅多个频道并接收频道中的消息。

1. 发布信息

在 redis-cli 中向频道发布信息非常简单，使用命令"publish"即可，格式如下：

```
publish 频道名 信息
```

例如：

```
publish computer 人工智能新突破
```

运行效果如图 9-13 所示。

图 9-13 在 redis-cli 发布信息

2. 订阅频道

订阅频道使用的命令为"subscribe",命令格式如下:

```
subscribe 频道名 1 频道名 2 频道名 n
```

例如:

```
subscribe computer math
```

订阅以后,一旦被订阅的频道有新的消息发布,订阅端就会收到信息,如图 9-14 所示。中文无法正常显示,每一条新发布的信息都会对应 redis-cli 中的 3 条返回信息:第 1 条是信息类型,第 2 条是频道名,第 3 条是被发布的内容。

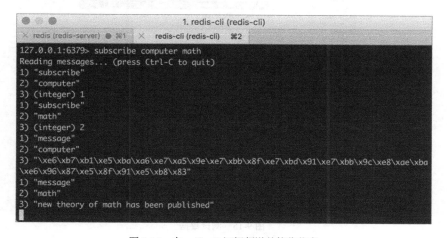

图 9-14 在 redis-cli 订阅频道并接收信息

9.3 有序集合

有序集合(Sorted Set)是 Redis 的一个数据结构。

有序集合里面的数据跟集合一样,也是不能重复的,但是每一个元素又关联了一个分数(Score),根据这个分数可以对元素进行排序。分数可以重复。

9.3.1 实例 39：实现排行榜功能

各种排行榜是我们司空见惯的功能。各位读者是否思考过，各种排行榜是如何实现的呢？

实例描述

分别使用 MongoDB 和 Redis 的有序集合来实现排行榜功能。对比传统数据库的排序功能，寻找有序集合实现排序功能的优点。

1．使用传统数据库实现排行榜

这里以 MongoDB 为例来进行说明。这种方法的逻辑非常直接，需要被排名的信息都保存在数据库里面，当需要显示排行榜时，直接读取数据库，然后对结果进行排名。

（1）运行 rank_data_to_mongo.py 生成测试数据，如图 9-15 所示。测试数据的 user_id 对应于用户的 id，score 对应于用户的积分。

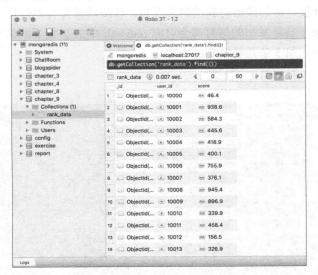

图 9-15　测试数据

（2）根据积分对用户进行排序。代码如下：

代码 9-15　使用 MongoDB 对用户积分排序

```
import pymongo
handler = pymongo.MongoClient().chapter_9.rank_data
result = handler.find({}).sort('score', -1)
```

（3）运行效果如图 9-16 所示。

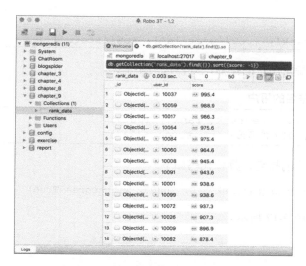

图 9-16　直接使用 MongoDB 进行排序

2. 使用数据库排序的弊端

具体到一个实际例子，比如说直播网站观众向主播送礼物的排行版，如果直接在数据库里面进行排序，弊端有以下几点：

- 排行榜会实时更新，数据每一次变化都要排序，会对数据库的性能造成影响。
- 频繁更新数据，导致数据库性能下降。
- 数据量太大时排序时间缓慢。
- 对被排序字段添加索引会占用更多空间。

3. 使用有序集合进行排序

Redis 的有序集合天生就自带排序的功能。

（1）直接把 MongoDB 中的数据导入到 Redis 中名为 "rank" 的有序集合中：

代码 9-16　使用有序集合排序

```
import pymongo
import redis


handler = pymongo.MongoClient('mongodb://root:iamsuperuser@localhost').chapter_9.rank_data
client = redis.Redis()

rows = handler.find({}, {'_id': 0})
```

```
for row in rows:
    client.zadd('rank', {row['user_id']: row['score']})
```

（2）显示某一个特定用户的排名，具体代码如下：

代码 9-17　显示特定排名的用户

```
01  position = client.zrevrank('rank', 10017)
02  print(f'用户：10017 排名为：{position + 1}')
```

（3）显示全部用户的排名，具体代码如下：

```
rank = client.zrevrange('rank', 0, 10000, withscores=True)
```

（4）运行效果如图 9-17 所示。

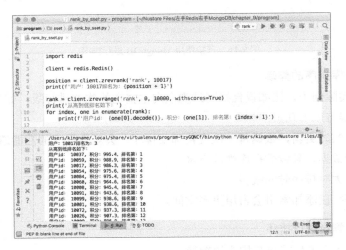

图 9-17　排名查询

有序集合还能直接修改某一个值的分数，从而直接改变排序。

9.3.2　实例 40：使用 Python 读写有序集合

有序集合的操作命令有二十多个，对应到 Python 中也有二十多个方法。本书选择其中常用的几个。

实例描述

在 Python 中控制 Redis，读写有序集合，实现以下功能：
（1）把数据添加到有序集合中。

（2）修改有序集合值的评分。

（3）将有序集合基于"评分"进行排序。

（4）将有序集合基于"位置"进行排序。

（5）根据值查询排名和评分情况。

1. 向有序集合添加数据

向有序集合添加数据，使用的方法为"zadd"：

```
client.zadd('有序集合名', {'值1': 评分1, '值2': 评分2, '值n': 评分n})
```

例如，代码 9-18 是一个和年龄相关的有序集合。

代码 9-18　使用 Python 向 Redis 有序集合中添加数据

```
01  name1 = '王小二'
02  name2 = '张三'
03
04  client.zadd('age_rank', {name1: 18, name2: 26, '小明': 10})  #值与评分都可以
    用变量也可以直接写
05  people = {'李四': 27, '王五': 14}  # 先生成字典，再添加到有序集合
06  client.zadd('age_rank', people)
```

其中，主要代码说明如下。

- 第 4 行代码：其中的 name1 和 name2 是变量，它们里面的值分别为"王小二"和"张三"。最后存在 Redis 中的值也是"王小二"和"张三"。

2. 修改评分

修改评分使用的方法名为"zincrby"，格式如下：

```
client.zincrby('有序集合名', 改变量, 值)
```

例如，在 age_rank 中，把"王小二"的年龄增加三岁，把"小明"的年龄减 0.5 岁：

代码 9-19　修改有序集合的元素评分

```
client.zincrby('age_rank', 3, '王小二')
client.zincrby('age_rank', -0.5, '小明')
```

3. 对有序集合元素基于评分范围进行排序

根据评分范围进行排序，使用的方法分别为"zrangebyscore"和"zrevrangebyscore"。这两个方法的用法完全相同，差别在于：

- zrangebyscore 根据评分按照从小到大的顺序排序。
- zrevrangebyscore 根据评分按照从大到小的顺序排序。

它们的使用格式如下：

```
client.zrangebyscore('有序集合名', 评分下限, 评分上限, 结果切片起始位置, 结果数量, withscores=False)
client.zrevrangebyscore('有序集合名', 评分上限, 评分下限, 结果切片起始位置, 结果数量, withscores=False)
```

其中，评分上限、评分下限用于确定排序的范围。例如，评分分布在 0～10000，现在只对评分在 10～100 范围内的值进行排序。排序完成以后，通过设定结果切片的起始位置、结果数量来限定返回的列表的长度。其中，结果切片起始位置、结果数量这两个参数可以同时省略，省略表示返回排序后的所有数据。

提示：

如果 withscores 设置为 False，则返回的结果直接是排序好的值。

如果 withscores 设置为 True，则返回的列表里面的元素是元组。元组的第 1 个元素是值，第 2 个元素是评分。

举例，在有序集合 rank 中，对积分在 10～100 范围内的人员进行倒序排序，并返回前 3 条数据，代码如下：

```
client.zrevrangebyscore('rank', 100, 10, 0, 3)
```

运行效果如图 9-18 所示。

图 9-18　对积分 10~100 范围内数据倒序并取前 3 条

4．对有序集合基于位置进行排序

基于位置范围进行排序，用到的方法名为 "zrange" 和 "zrevrange"。

- zrange 对评分按照从小到大的顺序排序。
- zrevrange 对评分按照从大到小的顺序排序。

它们的用法如下：

```
client.zrange('有序集合名', 开始位置(含), 结束位置(含), desc=False, withscores=False)
client.zrevrange('有序集合名', 开始位置(含), 结束位置(含), withscores=False)
```

这两个方法，根据 0 开始的索引找到需要排序的元素范围，然后对这个范围内的数据进行排序。

（1）zrange 方法。

如果使用的是 zrange 方法，则位置"0"是评分最小的元素，位置"1"是评分次小的元素，以此类推。

假设开始位置写为"0"，结束位置写为"4"，则取出最小的 5 个元素，如图 9-19 所示。

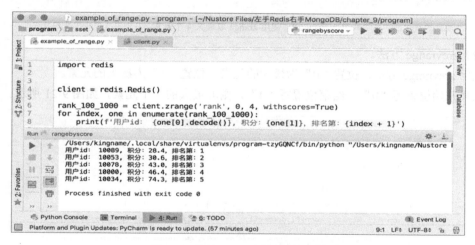

图 9-19　使用 zrange 取最小 5 个元素

> **提示：**
> 与 Python 列表一样，开始位置和结束位置也可以写为负数，表示从后往前数。

例如，开始位置写为"–4"，结束位置写为"–1"，表示取评分最大的 4 个元素，且 score 低的在前，如图 9-20 所示。

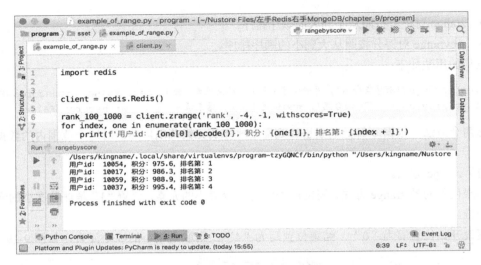

图 9-20　使用 zrange 取最大 4 个元素

（2）zrevrange 方法。

使用 zrevrange 方法，位置"0"为最大的元素，位置"1"为次大的元素。

如果开始位置写"0"，结束位置写"4"，则取最大的 5 个元素，如图 9-21 所示。

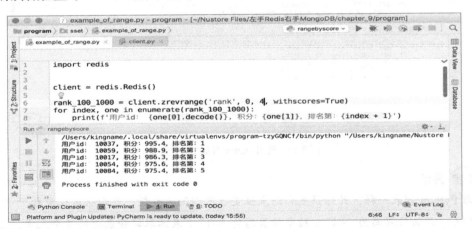

图 9-21　使用 zrevrange 取最大 5 个元素

如果开始位置取"-4"，结束位置取"-1"，则取最小的 4 个元素，且 score 高的在前，如图 9-22 所示。

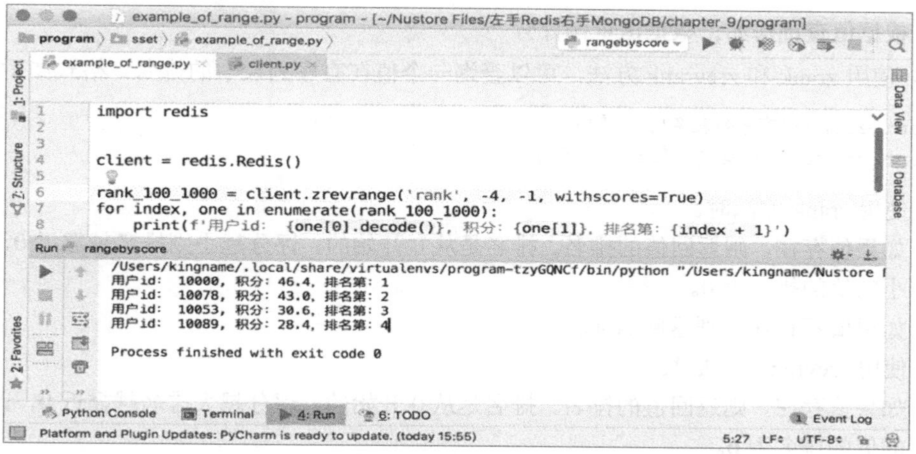

第 9 章 Redis 的高级数据结构 | 263

图 9-22 使用 zrevrange 取最小 4 个元素

> **提示：**
> 如果使用 zrange 方法，同时 desc=True，那在底层会自动调用 zrevrange 方法。因此，如果使用 zrange，开始位置为 "0"，结束位置为 "4"，参数 desc=True，则它的作用是取最大的 5 个元素，如图 9-23 所示。千万不要认为是取最小的 5 个元素再倒序排序。

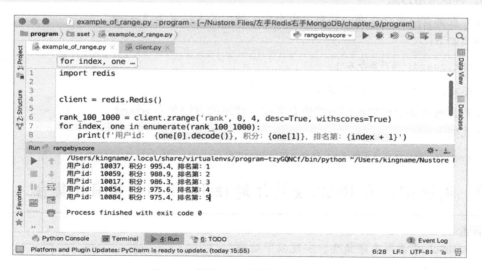

图 9-23 使用 zrange 并且 desc 为 True

如果 withscores 为 False，则返回的结果直接是排序好的值；如果 withscores 为 True，返回的列表里面的元素是元组，每个元组的第 1 个元素是值，第 2 个元素是评分。

5. 根据值查询排名，根据值查询评分

（1）使用 zrank 和 zrevrank 方法，可以查询一个值在有序列表中的排名。格式如下：

```
client.zrank('有序列表名', '值')
client.zrevrank('有序列表名', '值')
```

① 使用 zrank 方法时。
- 如果值存在，则返回值的排名。排名是从 0 开始的，评分越小则排名越靠近 0，评分最小的值的排名为 0。
- 如果值不存在，则返回 None。

② 使用 zrevrank 方法时。
- 如果值存在，则返回值的排名。排名是从 0 开始的，评分越大排名越靠近 0，评分最大的值的排名为 0。
- 如果值不存在，则返回 None。

（2）使用 zscore 可以查询一个值的评分。格式如下：

```
client.zscore('有序列表名', '值')
```

如果值不存在，则返回 None。

6. 其他常用方法

（1）查询有序集合里面一共有多少个值，使用的方法名为"zcard"。
格式如下：

```
client.zcard('有序集合名')
```

如果有序集合不存在，则返回 0。

（2）查询在某个评分范围内的值有多少，使用的方法名为 zcount。
格式如下：

```
client.zcount('有序集合名', 评分上限, 评分下限)
```

9.3.3 实例 41：在 Redis 交互环境 redis-cli 中使用有序集合

实例描述

在 redis-cli 中读写有序集合，实现以下功能：
（1）添加数据。
（2）修改值的评分。
（3）基于评分和位置进行排序。
（4）查询值的排名和评分。

有序集合在 redis-cli 中，有一些命令的参数与 Python 中存在差别，需要特别注意。

1. 添加数据

添加数据对应的命令为"zadd"，命令格式如下：

```
zadd 有序集合名 评分1 值1 评分2 值2 评分n 值n
```

注意，在 redis-cli 中，添加数据时"评分在前，值在后"；在 Python 中，添加数据时使用字典。

2. 修改评分

修改评分使用的命令为"zincrby"，命令格式如下：

```
zincrby 有序集合名 修改的分数 值
```

如果值不存在，则自动创建，并把修改的分数作为初始评分。

举例：需要在有序集合 age_rank 中，把王小二的年龄增加 10 岁，则命令应该写为：

```
zincrby age_rank 10 王小二
```

运行效果如图 9-24 所示。

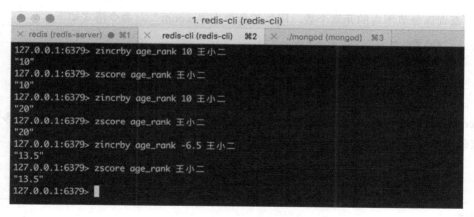

图 9-24　在 redis-cli 中修改评分

3. 基于评分范围排序，基于位置范围排序

基于评分范围排序，使用的命令为"zrangebyscore"和"zrevrangebyscore"。
基于位置范围排序，使用的命令为"zrange"和"zrevrange"。
命令格式为：

```
zrangebyscore 有序列表名 评分下限 评分上限 WITHSCORES LIMIT 切片开始位置 结果数量
zrevrangebyscore 有序列表名 评分下限 评分上限 WITHSCORES LIMIT 切片开始位置 结果数量
```

其中，WITHSCORES 和 LIMIT 都是关键字。
- WITHSCORES 可以省略。省略以后，只有值没有评分。
- 如果不需要对结果进行切片，则"LIMIT 切片开始位置 结果数量"也可以省略。

```
zrange 有序集合名 开始位置 结束位置
zrevrange 有序集合名 开始位置 结束位置 WITHSCORES
```

4. 查询值的排名，查询值的评分
- 查询排名使用的命令为"zrank"和"zrevrank"，命令格式如下：

```
zrank 有序集合名 值
zrevrank 有序集合名 值
```

- 查询值的评分命令为"zscore"，命令格式如下：

```
zscore 有序集合名 值
```

5. 其他常用命令
- 查询有序集合中元素的个数，使用的命令为"zcard"，命令格式如下：

```
zcard 有序集合名
```

- 查询评分范围内的元素个数，用到的命令为"zcount"，命令格式如下：

```
zcount 有序集合名 积分下限 积分上限
```

9.4 Redis 的安全管理

Redis 默认没有密码，并且只能本机访问。使用 redis-cli 连上以后可以执行任意命令。如果要开放外网连接，则需要设置密码，同时禁用危险命令或者对危险命令进行改名。

9.4.1 实例 42：设置密码并开放外网访问

实例描述
修改 Redis 的配置文件，设置 Redis 的访问密码，并允许外网通过密码访问 Redis 中的数据。

1. 设置密码

（1）打开 Redis 的配置文件，搜索关键字"requirepass"，如图 9-25 所示。

（2）将"requirepass"这一行的注释去掉，这一行的"foobared"就是默认密码，可以改成自己的密码，如图 9-26 所示。

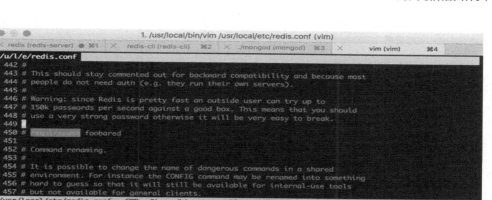

图 9-25 在配置文件中找到 requirepass

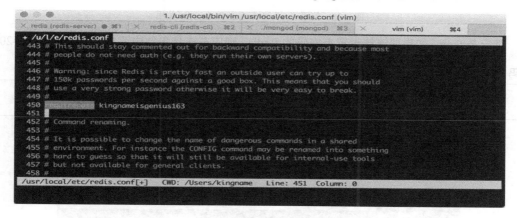

图 9-26 启用并修改密码

(3) 保存配置文件并重启 Redis, 可以发现 redis-cli 连上 Redis 以后无法正常使用了, 如图 9-27 所示。

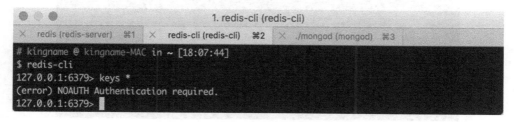

图 9-27 没有密码 redis-cli 无法使用 Redis

(4) 如要正常使用 Redis, 则需要在 redis-cli 连接时加上一个 "-a" 参数:

```
redis-cli -a 密码
```

(5)运行效果如图 9-28 所示。

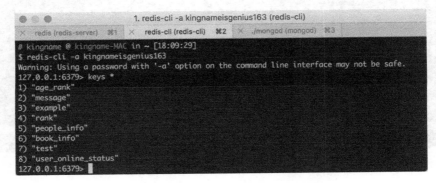

图 9-28　使用"-a"命令连上 Redis 即可使用

对于 Python,如果要连接设置有密码的 Redis,则应在连接参数中添加密码,见代码 9-20。

代码 9-20　用 Python 连接有密码的 Redis

```
01 import redis
02 client = redis.Redis(password='密码')
```

2. 开发外网访问

(1)打开配置文件,搜索"bind"找到配置网络的位置,如图 9-29 所示。

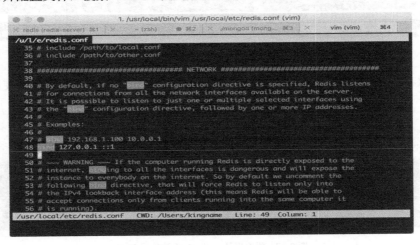

图 9-29　配置网络来源的项

(2)直接把这一行注释,即可从外网访问 Redis。

- 在 redis-cli 中，如果要访问外网的 Redis，则需要指定地址和端口，格式如下：

```
redis-cli -h Redis地址 -p 端口 -a 密码
```

例如：

```
redis-cli -h 192.168.2.10 -p 3129 -a kingnameisgenius163
```

- 在 Python 中，如果要访问外网的 Redis，则需将代码修改为：

```python
import redis
client = redis.Redis(host='192.163.2.10', port=3129, password='kingnameisgenius')
```

9.4.2 禁用危险命令

Redis 中默认开启了一些非常高权限的命令。使用这些命令，轻则清空 Redis，重则直接写入挖矿木马甚至是 SSH Key 公钥，从而控制服务器。

通过修改 Redis 的配置文件，可以对一些危险命令进行改名或者禁用，从而降低安全风险。

（1）打开 Redis 配置文件，添加以下几行内容：

代码 9-21　重命名 Redis 的危险命令

```
rename-command CONFIG ""
rename-command FLUSHDB sfjafjfaerawe
rename-command FLUSHALL IWERDF
rename-command PEXPIRE OKASETTW
rename-command SHUTDOWN ""
rename-command BGREWRITEAOF SEWERWEFSDF
rename-command BGSAVE ASDFPEWE
rename-command SAVE ASDFKLEWE
rename-command DEBUG ""
```

（2）如果把命令重命名为空字符串，表示禁用这个命令。

对于一些比较危险但可能会用到的命令，可以把它改名；对于一些特别危险的命令，可以禁用。

本章小结

本章主要介绍了 Redis 的哈希表、"发布/订阅"模式、有序集合和安全设置。

哈希表在储存大量数据时比字符串更好。

"发布/订阅"模式可以方便简单地实现一对多的消息推送。

有序集合可以实现计分板或排行榜。

在学习本章内容时，建议使用 Python 来测试，因为 redis-cli 对于这些复杂数据结构和模式的显示方式不太直观。

如果需要开放 Redis 的外网访问权限，则一定要设置密码并禁用一些危险的命令（或将这些命令改名），从而降低安全风险。

第 4 篇 商业实战

第 4 篇分为 4 章，综合利用前面 9 章所学到的关于 MongoDB 与 Redis 的知识，搭建一个类似"知乎"的知识问答网站。

第 10 章会实现网站的基本功能，包括查看已有问题、提问或者回答问题、对问题或者答案"点赞"或者"点踩"。

第 11 章会实现权限管理功能，包括注册账号并用自己的账号登录网站、修改或者删除自己的问题或者回答。

第 12 章会实现问题的标签功能，能够根据标签筛选问题。同时还会实现对问题和答案进行排序，根据问题或者答案的评分来动态调整问题或答案的顺序。

第 13 章会讨论在用户数据极大时，如何有效地实现"去重"功能，以及网站在安全方面的建议。

第 **10** 章

实例43：搭建一个类似"知乎"的问答网站

国内的"知乎"和国外的 Quora 都是著名的知识问答网站。在这些网站上，用户可以提问或者回答别人的问题，可以对别人的问题回答、"点赞"或"点踩"。

本章将会使用 Python 与 MongoDB 实现问答网站的基本功能——提问、回答、点赞、点踩。

10.1 了解实例的最终目标

本实例的结果以网页形式呈现，源代码已提供。读者只需要完成整个系统中关于 MongoDB 操作的这一部分代码的开发即可。

实例描述

完成 MongoUtil.py 文件和 RedisUtil.py 文件中的缺失代码，从而实现一个具有提问和回答问题功能的网站。

本网站主要实现 5 大功能。

1. 查看问题

本项目完成以后，将会得到一个具有基本功能的问答网站页面。其显示效果如图 10-1 所示。

2. 查看回答

单击问题的标题以后，可以跳转到问题与答案页面，如图 10-2 所示。

第 10 章 实例 43：搭建一个类似"知乎"的问答网站 | 273

图 10-1 项目运行后的问题列表页面

图 10-2 问题与答案页面

3. 提出问题

单击左上角的"提问"按钮，可以提出一个新的问题，如图 10-3 所示。

4. 回答问题

在每个问题的详情和回答页面，可以回答一个问题，如图 10-4 所示。

图 10-3 提一个新的问题

图 10-4 回答一个问题

5. 对回答点赞

单击问题或者回答左下角的上箭头或者下箭头，可以对一个问题或者回答"点赞"或者"点踩",如图10-5左下角方框中所示。单击"上箭头",赞同数加1;单击"下箭头",赞同数减1。

在本章的版本中,任何人都可以"点赞"无限次或者"点踩"无限次。

图 10-5　对回答进行点赞或者点踩

在本章对应的网站版本中,任何人都可以提问,也可以回答任何人的问题,不需要登录。因此,所有提问者的名字都叫作"匿名用户",所有回答者的名字也叫作"匿名用户",并且所有人具有相同的头像。

10.2　准备工作

10.2.1　了解文件结构

读者拿到的初始目录结构如下:

```
├── main.py
├── static
│   ├── css
│   │   ├── spectre-icons.css
│   │   └── spectre.min.css
│   ├── img
│   │   └── avatar.png
│   └── js
│       ├── jquery-3.3.1.min.js
│       └── post_question_and_answer.js
├── templates
│   ├── answer_list.html
│   ├── base.html
│   └── index.html
├── util
│   ├── __init__.py
│   └── utils.py
└── your_code_here
    ├── MongoUtil.py
    └── __init__.py
```

其中主要文件说明如下。

- Pipfile 与 Pipfile.lock：Pipenv 配置运行环境的文件，用来记录项目所需要的第三方库。
- answer 文件夹下的 MongoUtil.py：本项目的参考答案。读者在自己完成项目或者遇到问题无法解决时可以参考该文件。
- generate_answer.py 与 generate_question.py：用于向数据库中添加测试数据。
- main.py、static、templates 和 util 文件夹：是本项目网站的后台和前台相关代码，读者不需要关心。
- your_code_here 文件夹：读者只需要修改这个文件下面的 MongoUtil.py 文件即可完成本项目。

10.2.2 搭建实例运行环境

1. 安装依赖包

通过终端窗口进入本实例的工程文件夹中，运行以下代码即可自动设置好运行环境，如图 10-6 所示。

```
pipenv install
pipenv shell
```

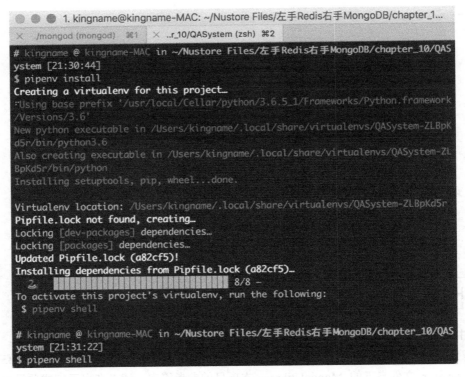

图 10-6　配置运行环境

2. 设置环境变量

如果系统为 macOS 或者 Linux，则执行以下命令：

```
export FLASK_APP=main.py
```

如果系统为 Windows，则执行以下命令：

```
set FLASK_APP=main.py
```

10.2.3　运行项目

执行以下命令启动网站：

```
flask run
```

网站启动成功以后，打开浏览器，输入网址"http://127.0.0.1:5000"即可看到问题列表页面，如图 10-7 所示。

图 10-7　测试页面

> 📝 提示：
> 此时，测试页面中的点赞、点踩、提问功能都无效，单击以后毫无变化。单击页面上的任何一个问题，都进入相同的答案页面。
> 答案页面如图 10-8 所示。在答案页面中，单击"回答问题"按钮后回答的任何内容都不会出现在页面上。答案页面中的"点赞"和"点踩"功能也都无效。

图 10-8　测试答案页面

打开 your_code_here 文件夹下面的 MongoUtil.py 文件，可以看到初始代码如图 10-9 所示。

图 10-9　初始代码

本实例需要读者实现 MongoUtil 文件中 MongoUtil 类里面的各个方法，从而使问答网站可以按照预期进行工作。所有需要读者修改的地方，都在代码的注释中进行了提示。

10.3　项目开发过程

10.3.1　生成初始数据

打开本地的 MongoDB，分别运行项目中的 generate_question.py 和 generate_answer.py 这两个文件，在数据库中生成 qa_system 库，并在库中生成两个集合 question 和 answer，如图 10-10 所示。

图 10-10 初始数据

10.3.2 实现"查询问题列表"功能

查询问题在 MongoUtil 类中对应的方法为 query_question。从这个方法返回的数据中可以看出，有一个 answer_number 字段，即这个问题当前有多少个回答。要实现这样的返回字段，有两种办法。

1．先查询问题，再查询答案数量

这是最常想到的办法，代码如下：

代码 10-1 先查询问题再查询回答

```
questions = self.question.find()
for question in questions:
    answer_number = self.answer.find({'_id': question['_id']}).count()
```

这种方法的优点是简单直接，缺点是查询次数太多。

假设有 100 个问题，那么就需要查询 101 次才能完成。这会导致网页加载数据显著降低。

1．使用$lookup 同时查询问题和回答

在第 8 章中讲到了聚合操作的"$lookup"操作符。使用"$lookup"可以一次性查询两个集合。假设有 100 个问题，只需要查询 1 次，就可以同时获得所有的问题，以及它们各自对应的回答。

使用聚合操作配合"$lookup"的代码如下：

代码 10-2 使用聚合操作的联集合查询一次获取问题和回答

```
question_iter_obj = self.question.aggregate([
```

```
{'$lookup': {
    'from': 'answer',
    'localField': '_id',
    'foreignField': 'question_id',
    'as': 'answer_list'}}])
```

在 Robo 3T 中的文本模式中，可以直观地看到联集合查询的运行效果，如图 10-11 所示。

图 10-11　联集合查询的运行效果

在 Python 中，返回的字段中会有一个 answer_list 列表，这个列表里面就是所有的答案。只需要查询一下这个列表的长度，就知道这个问题有多少个回答了。

完整的 query_question 方法代码如下。

代码 10-3　完整的查询问题代码

```
01  def query_question(self):
02      question_iter_obj = self.question.aggregate([
03          {'$lookup': {
04              'from': 'answer',
05              'localField': '_id',
06              'foreignField': 'question_id',
07              'as': 'answer_list'}}])
```

```
08
09          question_list = []
10          for question in question_iter_obj:
11              question_list.append(
12                  {'title': question['title'],
13                   'detail': question['detail'],
14                   'author': question['author'],
15                   'vote_up': question['vote_up'] - question['vote_down'],
16                   'answer_number': len(question['answer_list']),
17                   'question_id': str(question['_id'])
18                  }
19              )
20          return question_list
```

代码说明如下。

- 第 2~7 行：使用聚合操作配合 "$lookup" 联集合查询问题和回答。
- 第 10 行：使用 for 循环展开返回的结果，每一轮循环对应了一个问题。
- 第 15 行：使用 "点赞" 数减去 "点踩" 数，计算当前问题的赞同数。
- 第 16 行：获取 answer_list 这个 Key 对应的列表的长度，即这个问题的答案数。

修改好 query_question 方法后重启网站，可以看到目前已经能够正常显示问题列表了，如图 10-1 所示。

10.3.3 实现 "查询回答" 功能

从图 10-2 可以看出，进入一个问题的答案列表页以后，除看到答案外，还能够看到这个问题的描述。这说明在答案列表页面，不仅要查询答案 answer 集合，还需要查询问题 question 集合。

使用聚合查询的$lookup 可以提高查询的效率，对应的代码如下：

代码 10-4 查询回答

```
01  def query_answer(self, question_id):
02      answer_iter_obj = self.question.aggregate([
03          {'$match': {'_id': ObjectId(question_id)}},
04          {'$lookup': {
05              'from': 'answer',
06              'localField': '_id',
07              'foreignField': 'question_id',
08              'as': 'answer_list'}}])
09      question_answer = list(answer_iter_obj)[0]
```

```
10        question_answer_dict = {
11            'question_id': str(question_answer['_id']),
12            'question_title': question_answer['title'],
13            'question_detail': question_answer['detail'],
14            'question_author': question_answer['author'],
15            'answer_num': len(question_answer['answer_list'])
16        }
17        answer_list = []
18        for answer in question_answer['answer_list']:
19            answer_list.append(
20                {'answer_detail': answer['answer'],
21                 'answer_author': answer['author'],
22                 'answer_id': str(answer['_id']),
23                 'answer_vote': answer['vote_up'] - answer['vote_down']})
24        question_answer_dict['answer_list'] = answer_list
25        return question_answer_dict
```

其中，主要代码说明如下。

- 第 2~8 行：首先使用 "$match" 筛选出目标问题，再根据目标问题对应的 ObjectId 查询问题和相应的回答，并把回答存在名为 "answer_list" 的列表中。
- 第 9 行：聚合操作返回的结果是一个可迭代的对象，由于可迭代的对象的 ID（ObjectId）不重复，所以这里必定只有一个元素。因此把它转化为列表再取下标为 "0" 的元素。
- 第 10~16 行：记录问题的信息。
- 第 17~23 行：记录每一条回答的内容。
- 第 24 行：把回答的列表重新存入问题信息中。

修改好 query_answer 方法后重启网站。在问题列表页中单击任何一个问题，则可以正常进入该问题的答案列表页面，如图 10-2 所示。

10.3.4 实现"提问与回答"功能

提问对应 MongoUtil 类中的方法为 insert_question，回答对应 MongoUtil 类中的方法为 insert_answer，它们的代码如下：

代码 10-5　保存问题与保存回答

```
def insert_answer(self, question_id, answer, author, now, vote_up=0,
vote_down=0):
    data_to_insert = {
        'author': author,
        'question_id': ObjectId(question_id),
```

```
            'answer': answer,
            'answer_time': now,
            'vote_up': vote_up,
            'vote_down': vote_down
        }
        self.answer.insert_one(data_to_insert)
        return True

    def insert_question(self, title, detail, author, now, vote_up=0,
vote_down=0):
        data_to_insert = {
            'title': title,
            'detail': detail,
            'author': author,
            'ask_time': now,
            'vote_up': vote_up,
            'vote_down': vote_down
        }
        self.question.insert_one(data_to_insert)
        return True
```

这两个方法属于非常常规的数据插入操作。

 提示：

在insert_answer方法中，参数question_id是问题对应的ObjectId的字符串形式，需要首先将question_id转化为ObjectId对象，再插入到MongoDB中。

修改好这两个方法以后，提问与回答功能恢复正常。

10.3.5 实现"点赞"与"点踩"功能

为问题"点赞"或"点踩"对应MongoUtil类中的方法为vote_for_question，为答案"点赞"和"点踩"对应的方法名为vote_for_answer。它们都使用了MongoDB的update_one方法。

1. 使用"$inc"操作符实现字段自增自减

在MongoDB的基础部分中，update_one的用法为：

```
handler.update_one({'name': 'xxx'}, {'$set': {'age': 12}})
```

意思是查询name字段值为xxx的记录，然后把这条记录的age字段更新为12。

但是在这个项目中，"点赞"功能需要把字段vote_up自增1，"点踩"功能需要把vote_down

字段自增 1，而且可能多个访客会同时对一个问题"点赞"，所以"点赞"和"点踩"这两个操作都必须是原子操作，不能先查询当前问题的 vote_up 是多少，然后再使用 update_one 来设置新的值。

为了实现原子操作的字段自增，就不能使用"$set"操作符而要改成"$inc"操作符。这个的 inc 对应了英文单词 increase（增加）。

使用格式为：

```
handler.update_one({'_id': 问题或答案的ObjectId}, {'$inc': {'vote_up': 1}})
```

实际上，自减就是在"$inc"的值对应的字典中把值设为负数。但由于本项目需要记录"点踩"的数量，所以把"点赞"和"点踩"分成两个字段来保存。因此无论是"点赞"还是"点踩"都是自增操作。

2. 实现"点赞"和"点踩"

修改点赞和点踩的代码，实现它们的功能：

代码 10-6　实现"点赞"与"点踩"

```
01    def vote_for_question(self, object_id, value):
02        self.question.update_one({'_id': ObjectId(object_id)}, {'$inc': {value: 1}})
03        return True
04
05    def vote_for_answer(self, object_id, value):
06        self.answer.update_one({'_id': ObjectId(object_id)}, {'$inc': {value: 1}})
07        return True
```

需要注意的是，传入进来的 value 可能是 vote_up 或者 vote_down，因此把它直接作为$inc 值字典的 Key 就可以自动实现赞或者踩。

修改完成以后重启网站，可以看到"点赞"和"点踩"功能已经恢复正常。

本章小结

本章搭建了问答网站的基本功能来巩固 MongoDB 的聚合操作，同时学习了 update_one 中的一个新的操作符"$inc"。

整个网站是基于 Python 的网络框架 Flask 来实现的，读者只需要修改 your_code_here 文件夹下的 MongoUtil.py 就可以在网站上看到运行效果。

第 11 章

实例44：使用Redis存储网站会话（接第10章实例）

完成了第 10 章的实例后，可以得到一个具有基本功能的问答网站。本章将会在第 10 章的基础上继续开发新的功能。

实例描述

假设，数据集 example_data_1 如图 7-1 所示。本章将实现网站的"注册"和"登录"功能。在登录网站以后，就可以修改自己的提问和自己的回答，并且限制每个人只能回答同一个问题一次。

11.1 了解实例的最终目标

本实例的结果以网页形式呈现的，源代码已提供。读者只需要完成整个系统中关于 MongoDB 和 Redis 操作相关的代码即可。

11.1.1 注册账号

打开网站，可以看到在没有登录的情况下，右上角有一个"登录/注册"按钮，如图 11-1 所示。未登录时，[提问 ∨] 按钮是不可单击状态。

单击"登录/注册"按钮，打开登录/注册页面，如图 11-2 所示。在第 1 个输入框中输入用户名，在第 2 个输入框输入密码，单击"注册"按钮，如果用户名没有被注册过，则会注册成功，并自动跳转到首页，如图 11-3 所示。

图 11-1　未登录状态右上角有"登录/注册"按钮　　图 11-2　登录/注册页面

> **提示：**
> 关于注册时是否需要输入两次密码，实际上业界是有争议的，虽然所输入的密码是以黑点的形式出现，但实际上输错的人并不多。并且在正式的网站中，一般会使用邮箱和手机注册，这样即使输入错误，用邮箱和手机修改密码即可。
> 由于输入密码是一次还是两次和本项目的重点没有关系，所以为了简单起见，本项目没有做输入密码两次的功能。

登录以后，按钮成为可单击状态。

如果用户名已经被人注册，那么在登录/注册页面会弹出对话框提示用户名不可用，如图 11-4 所示。

图 11-3　登录状态的首页　　　　　　　图 11-4　提示用户名已经被注册

11.1.2 登录后回答问题

登录以后回答问题，答案将会显示用户名，如图11-5所示。

图11-5 登录以后回答问题，将会显示用户名

11.1.3 修改回答

用户可以修改自己的答案，单击"修改回答"按钮，打开修改窗口，如图11-6所示。修改回答以后如图11-7所示。

图11-6 修改回答　　　　　　　　图11-7 回答已经被修改

11.1.4 用户回答同一个问题的次数

如果一个问题已经被回答过了，则"回答问题"按钮就会变成不可单击的状态，如图11-8所示。

图 11-8　回答问题按钮失效

11.1.5　修改提问

用户也可以修改自己提的问题，如图 11-9 所示。

图 11-9　用户可以修改自己的提问

11.2　准备工作

11.2.1　了解文件结构

本项目是在第 10 章项目的基础上进行开发的，项目文件结构如下：

第 11 章　实例 44：使用 Redis 存储网站会话（接第 10 章实例） | 289

```
|   └── __init__.py
├── file_structure.txt
├── generate_answer.py
├── generate_question.py
├── main.py
├── static
|   ├── css
|   |   ├── spectre-icons.css
|   |   └── spectre.min.css
|   ├── img
|   |   └── avatar.png
|   └── js
|       ├── jquery-3.3.1.min.js
|       ├── login.js
|       └── post_question_and_answer.js
├── templates
|   ├── answer_list.html
|   ├── base.html
|   ├── index.html
|   └── login.html
├── util
|   ├── __init__.py
|   └── utils.py
└── your_code_here
    ├── MongoUtil.py
    ├── RedisUtil.py
    └── __init__.py
```

其中主要文件说明如下。

- Pipfile 与 Pipfile.lock：Pipenv 配置运行环境的文件，用来记录项目所需要的第三方库。
- answer 文件夹下的 MongoUtil.py 和 RedisUtil.py：本项目的参考答案。读者在自己完成项目或者遇到问题无法解决时可以参考。
- generate_answer.py 与 generate_question.py：用于向数据库中添加测试数据。
- main.py、static、templates 和 util 文件夹：本项目网站的后台和前台相关代码。读者不需要关心。
- your_code_here 文件夹：读者只需要修改这个文件下面的 MongoUtil.py 文件和 RedisUtil.py 文件即可完成本项目。

11.2.2 搭建项目运行环境

1. 安装依赖包

通过终端窗口进入本项目的工程文件夹中，运行以下代码即可自动设置好运行环境。

```
pipenv install
pipenv shell
```

2. 设置环境变量

如果系统为 macOS 或者 Linux，则执行以下命令：

```
export FLASK_APP=main.py
```

如果系统为 Windows，则执行以下命令：

```
set FLASK_APP=main.py
```

11.2.3 运行实例

执行以下命令启动网站：

```
flask run
```

网站启动成功以后，打开浏览器，输入网址"http://127.0.0.1:5000"即可看到问题列表页面，如图 11-10 所示。

 提示：

此时，注册与登录功能失效，输入任何用户名注册均会提示用户名已经被注册。输入任何用户名尝试登录均会提示找不到用户名，则无法提问，无法回答已有问题，也无法对问题与答案进行"点赞"。

打开 your_code_here 文件夹下面的 MongoUtil.py 文件，可以看到初始代码如图 11-10 所示。

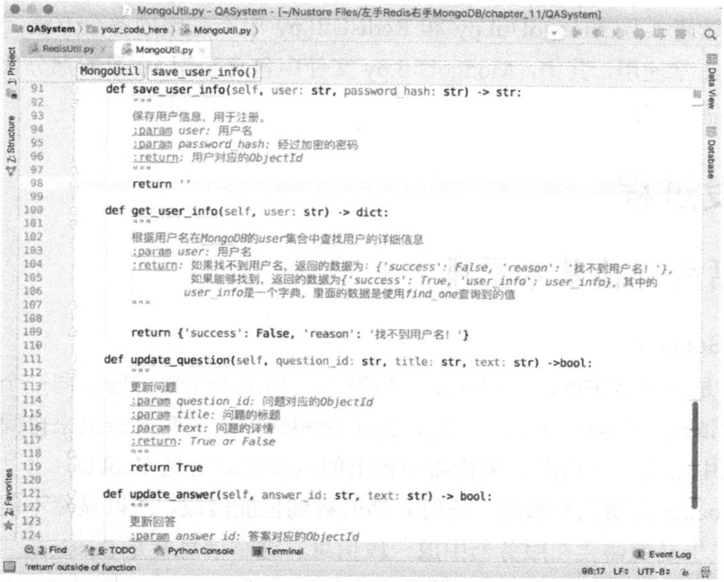

第 11 章 实例 44：使用 Redis 存储网站会话（接第 10 章实例）

图 11-10 MongoUtil.py 初始代码

RedisUtil.py 的初始代码如图 11-11 所示。

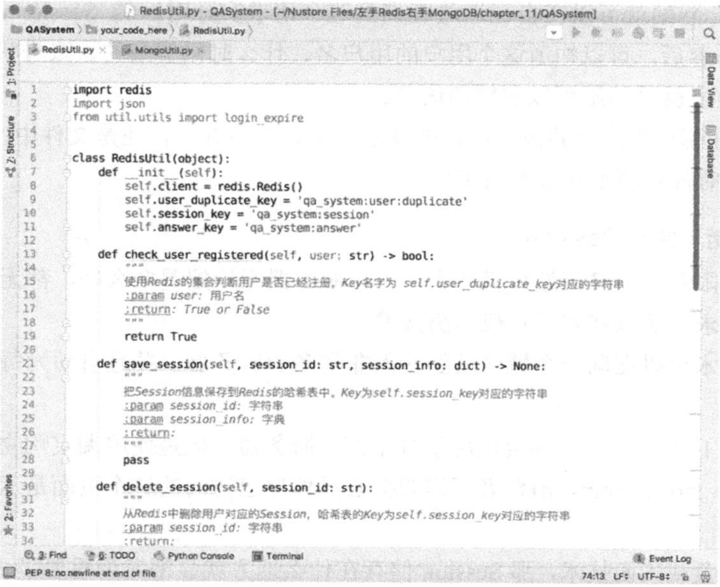

图 11-11 RedisUtil.py 文件初始代码

本实例需要读者实现 MongoUtil.py 和 RedisUtil.py 中不完整的各个方法，从而使问答网站的注册登录功能正常使用。其中，MongoUtil.py 文件中包含了第 10 章的部分代码，这一部分代码已经写好，不需要修改。

11.3 开发过程

11.3.1 会话管理的基本原理

1．什么是 Session

由于 HTTP 是没有状态的，所以在默认情况下，如果浏览器访问了同一个网站两次，网站是不知道这两次请求来自同一个浏览器的。为了让网站知道这两次请求来自同一个网站，需要在浏览器的请求中带上一段信息。浏览器中带上的这段信息就是 Cookie。

但是由于 Cookie 是明文存放的，任何人都能看到也能修改，所以显然不能把用户名和密码放在 Cookie 中，于是就需要在服务器中放一段信息，这个信息就是 Session。

当用户第一次登录成功以后，网站服务器会生成一段 Session。这段 Session 是存放在网站自己这边的，但是网站会在浏览器的 Cookie 中添加一段字符串，叫作 SessionID。由于每次浏览器请求网站时都会带上 Cookie，那么网站就可以从每一次请求中获得 SessionID。有了这个 SessionID 以后，网站就可以在自己这边查询到这个请求实际对应的 Session 是什么。在解析 Session 里面的内容后，可以知道这个用户的用户名、什么时候登录的、账号状态等信息。

Session 本质上就是网站可以理解的信息。

Session 存在哪里实际上并没有严格的要求，无论是内存中，还是文件中，或是数据库中。只要网站在需要时能够查询和理解就可以。

2．负载均衡与共享 Session

由于技术的限制，一旦网站规模变大，一台服务器无论配置多么好，都无法承受同时产生的越来越多的请求，所以就有了负载均衡技术。

负载均衡技术可以在同一个域名后面接入非常多的服务器，并且自动为每一个请求选择最优的服务器。

例如，"双 11"购物节，淘宝使用了数十万台服务器，但是使用淘宝购物的消费者用到的域名始终是 www.taobao.com，消费者不需要关心具体自己访问的这个页面是运行在哪一台服务器上面的。

如果使用了负载均衡技术，那 Session 储存在什么地方就显得尤为重要了。因为，即使是不同的进程要共享同一台服务器的内存都非常困难，更不要说不同的服务器读取其中某一台服务器上某个进程的内存了。

如果使用 Redis 来存储 Session，那么只要每一台服务器都能访问 Redis，那共享 Session 的问题就不再是问题了。

3. 本实例的 Session 储存机制

本实例使用 Redis 的哈希表来存储 Session。当用户注册账号，或者登录成功以后，网站会使用下面一个函数生成 Session 信息：

代码 11-1　生成 Session 与 SessionID

```
01  def generate_session(user_id, user):
02      now = datetime.datetime.now()
03      expire_time = now + datetime.timedelta(days=30)
04      session_data = {'user_id': user_id,
05                      'user': user,
06                      'expire_time': expire_time.timestamp()}
07      session_id = str(uuid.uuid4())
08      return session_id, session_data
```

其中，主要代码说明如下。
- 第 2、3 行：设置 Session 的过期时间为"距离现在 30 天"。
- 第 4~6 行：在 Session 中储存的信息包括用户的 ID、用户名和过期时间对应的时间戳。
- 第 7 行：生成 SessionID，这里使用的是 UUID。

其中，Session 里面具体保存什么信息，可以根据项目的要求自己确定。SessionID 只要保证不重复即可，使用什么方式生成都没有问题。

网站使用这个函数生成 Session 和 SessionID 以后，会把它们保存到 Redis 的哈希表中，SessionID 作为字段名，Session 转换为 JSON 字符串以后作为值。同时，SessionID 还会被添加到用户浏览器的 Cookie 中。

4. 本实例的 Session 查询原理

当用户访问了一个需要登录的页面以后，网站会首先从请求的 Cookie 中获得 SessionID，然后使用这个 SessionID 去 Redis 中查询 Session。查询会有 4 种情况。
- Cookie 中没有 SessionID，说明用户没有登录，则转到登录页面。
- Cookie 中有 SessionID，但是 Redis 的哈希表中找不到这个 SessionID，也认为用户没有登录，则转到登录页面。
- 在 Redis 中根据 SessionID 成功找到 Session，但是比对发现这个 Session 的 expire_time 小于现在的时间，说明这个 Session 已经过期了，则需要让用户重新登录。

- 找到 Session 并且它没有过期,则可以正常使用。

当找到正常可用的 Session 后,网站就会从 Session 中读取出用户名,将其显示在网页的右上角。由于用户名是不重复的,那么如果一个问题的提问者的名字和 Session 中的用户名是一样的,则说明这个问题就是当前这个用户提的。于是就给他打开修改问题的功能。回答也是一样的原理。

11.3.2 保存与读取用户信息

在用户注册时,需要保存用户信息;在用户登录时,需要读取用户信息。操作 MongoDB 保存和读取用户信息的方法如下:

代码 11-2　保存用户信息与读取用户信息

```
01    def save_user_info(self, user, password_hash):
02        now = datetime.datetime.now().strftime('%Y-%m-%d %H:%M:%S')
03        user_info = {'user': user, 'password_hash': password_hash, 'avatar': '', 'register_time': now}
04        user_id = self.user.insert_one(user_info).inserted_id
05        return str(user_id)
06
07    def get_user_info(self, user):
08        user_info = self.user.find_one({'user': user})
09        if not user_info:
10            return {'success': False, 'reason': '找不到用户名!'}
11        return {'success': True, 'user_info': user_info}
```

其中,主要代码说明如下。

- 第 2 行代码:记录当前时间,并转化为 "yyyy-mm-dd HH:MM:SS" 格式。
- 第 4 行代码:向 MongoDB 中插入数据,同时获取被插入数据的 ObjectId。

这是常规的 MongoDB 读写操作。

> **提示:**
> save_user_info 方法传入的 password_hash 参数是经过不可逆加密的密码。因为直接把用户的密码保存在网站数据库是非常没有职业道德也没有安全意识的行为,一旦发生数据泄露将会导致非常严重的灾难。

11.3.3 更新问题和回答

更新问题和回答，涉及的是常规的 MongoDB 更新操作，代码如下：

代码 11-3　更新问题和更新答案

```
def update_question(self, question_id, title, text):
    self.question.update_one({'_id': ObjectId(question_id)}, {'$set':
{'title': title, 'detail': text}})
    return True

def update_answer(self, answer_id, text):
    self.answer.update_one({'_id': ObjectId(answer_id)}, {'$set': {'answer':
text}})
    return True
```

11.3.4 检查用户名是否已经注册

在用户注册时，需要检查用户名是否已经被注册过。对于数据量不大的情况，可以使用 Redis 的集合：

代码 11-4　判断用户名是否已经注册

```
def check_user_registered(self, user):
    return self.client.sadd('qa_system:user:duplicate', user) == 0
```

其中，第 2 行代码使用的 Redis Key 为 qa_system:user:duplicate。注意，这里的冒号仅仅是普通的分隔符，和下画线字母之类的字符没有区别。

 提示：
使用冒号分割是一种约定俗成的习惯。如果读者更习惯下划线，那么用下画线分割也没有问题。

如果用户名已经存在，则执行 sadd 操作以后返回的是 0，而 "0 == 0" 是 True，所以这个方法就会返回 True。

如果 sadd 操作以后返回的数据是 1，由于 "1 == 0" 是 False，所以这个方法会返回 False。修改完成这个函数以后，就不会所有的用户名都提示已经注册了。

11.3.5 在 Redis 中储存与删除 Session

使用 Redis 的哈希表来储存 Session，哈希表的字段是 SessionID，字段值是 Session 对应的

JSON 字符串。

代码 11-5　在 Redis 中储存或者删除 Session

```
01    def save_session(self, session_id, session_info):
02        session_json = json.dumps(session_info)
03        self.client.hset('qa_system:session', session_id, session_json)
04
05    def delete_session(self, session_id):
06        self.client.hdel('qa_system:session', session_id)
```

其中，主要代码说明如下。
- 第 2 行代码：把 Session 字典转化为 JSON 字符串，以便存在 Redis 中。
- 第 3 行代码：使用 hset 把 Session 存入哈希表中。
- 第 6 行代码：使用 hdel 从哈希表中删除 SessionID 对应的字段。

11.3.6　从 Redis 中获取 Session

根据 SessionID 从哈希表中读取 Session，并将其转化为字典。在这个过程中，需要注意 Session 过期的情况。

代码 11-6　从 Redis 中读取 Session

```
01    def fetch_session(self, session_id):
02        if not session_id:
03            return {}
04        session_json = self.client.hget('qa_system:session', session_id)
05        if not session_json:
06            return {}
07        session_data = json.loads(session_json.decode())
08        if login_expire(session_data=session_data):
09            return {}
10        return session_data
```

其中，主要代码说明如下。
- 第 2、3 行代码：如果 SessionID 为空，则直接返回空字典。
- 第 4 行代码：根据 SessionID 从哈希表中读取 Session。
- 第 5、6 行代码：如果 SessionID 找不到 Session，则返回空字典。
- 第 7 行代码：将 Session 对应的 JSON 字符串转化为字典。
- 第 8、9 行代码：调用 login_expire 函数检查 Session 是否过期，如果过期，仍然返回空字典。

修改完成这个方法以后，网站可以实现正常注册和登录了。

11.3.7 记录和检查"用户回答是否回答了某个问题"

仍然使用哈希表来记录用户是否回答了某个问题。字段名为用户名和问题 ID 拼接的长字符串。

- 如果哈希表中存在这个字符串，则说明用户已经回答了这个问题。
- 如果哈希表中不存在这个字符串，则说明用户还没有回答过这个问题。

代码 11-7　检查用户是否回答了问题，设置用户已回答标记

```
01    def check_user_answer_question(self, user, question_id):
02        return self.client.hexists('qa_system:answer', user + question_id)
03
04    def set_answer_flag(self, question, user):
05        self.client.hset('qa_system:answer', user+question, 1)
```

其中，主要代码说明如下。

- 第 2 行：判断用户名与问题 id 拼接成的字符串是否为哈希表中的一个字段。
- 第 5 行：把用户名和问题 id 拼接成的字符串作为哈希表的一个字段存入哈希表中，它的值可以随意设置。

> **提示：**
> 请读者思考，这个地方能使用 Redis 集合的 sadd 来判断吗？

修改完成这个方法以后，用户将不能回答同一个问题超过一次。

本章小结

本章实现了问答网站的账户机制，能够注册账号和登录。由于能够确认用户身份了，所以可以限制用户回答同一个问题的个数，用户也能修改自己提的问题和自己的回答。

本项目使用的网络框架为 Falsk，这个框架其实有第三方的 Session 管理插件和登录插件。但是为了介绍如何使用 Redis 来管理 Session，因此本实例采用了自己写的逻辑。

如果读者阅读本实例的后台代码，会发现本实例把代码直接写在了网站的路由函数中，这样做是为了更加直观地表示出 Session 的储存和查询的位置，但实际上这种写法是不够规范的。在第 14 章，问答网站的后台代码将会重构，从而实现更加规范的代码。

第 12 章

实例45：大规模验重和问答排序
（接第11章实例）

第 11 章的实例完成以后，可以得到一个能够正常登录的问答网站。本章将讨论如何实现大规模的账号验重功能，以及如何根据点赞数对问题和回答进行动态排序。

实例描述

对第 11 章完成的实例进一步开发，从而实现对于千万量级的账号验重功能。同时，需要根据点赞数对问题和回答进行动态排序。

12.1 了解实例的最终目标

本实例最终结果是以网页形式呈现的。读者只需完成整个系统中关于 MongoDB 和 Redis 操作相关的代码。

12.1.1 账号验重功能

账号验重功能和第 11 章中使用 Redis 集合实现验重功能从效果上看是一样的。如果一个用户名已经注册，那么重复注册就会提示账号已经被注册，如图 12-1 所示。

但与第 11 章不同的是，如果使用 Redis 集合来去重，平均每个账号 4 个中文，占用 38 bit 的内存空间，那么 1 亿个账号占用的内存空间为 3.5GB。而如果使用本章讲的方法，1 亿个账号占用的内存空间为 16MB，并且验重的误报率不高于 0.1%。

图 12-1　不能使用相同的用户名注册多个账号

12.1.2　动态排序功能

问题和回答会根据点赞数量进行动态排序，被点赞数最高的问题或者回答排在前面，如图 12-2 所示。

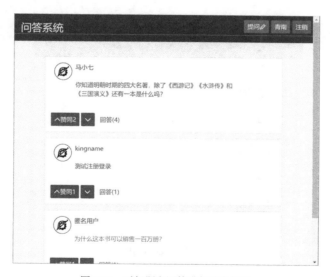

图 12-2　对问题和回答进行动态排序

12.1.3　注销登录功能

在登录以后，单击右上角的"注销"按钮可以注销当前账号，并返回登录界面，如图 12-3 所示。

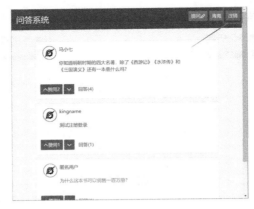

图 12-3　注销登录

12.2.4　翻页功能

每一页只显示 3 个问题，每个问题下只显示 3 个回答。超过的部分可以通过翻页功能查看，如图 12-4 所示。

图 12-4　翻页功能

12.2　准备工作

12.2.1　了解文件结构

本项目是在第 11 章实例的基础上进行开发的，项目文件结构如下：

```
.
├── Pipfile
├── Pipfile.lock
├── answer
│   ├── MongoUtil.py
│   ├── RedisUtil.py
│   └── __init__.py
├── bin
│   └── doc_to_redis.py
├── file_structure.txt
├── generate_answer.py
├── generate_question.py
├── main.py
├── postion.py
├── static
│   ├── css
│   │   ├── spectre-icons.css
│   │   └── spectre.min.css
│   ├── img
│   │   └── avatar.png
│   └── js
│       ├── jquery-3.3.1.min.js
│       ├── login.js
│       └── post_question_and_answer.js
├── templates
│   ├── answer_list.html
│   ├── base.html
│   ├── index.html
│   └── login.html
├── user_to_bloom.py
├── util
│   ├── BloomFilter.py
│   ├── __init__.py
│   └── utils.py
└── your_code_here
    ├── MongoUtil.py
    ├── RedisUtil.py
    └── __init__.py
```

其中主要文件说明如下。

- Pipfile 与 Pipfile.lock：Pipenv 配置运行环境的文件，用来记录项目所需要的第三方库。
- answer 文件夹下的 MongoUtil.py 和 RedisUtil.py：本项目的参考答案。读者在自己完成项目或者遇到问题无法解决时可以参考。

- generate_answer.py 与 generate_question.py：用于向数据库中添加测试数据。
- main.py、static、templates 和 util 文件夹：本项目网站的后台和前台相关代码。读者不需要关心。
- your_code_here 文件夹：读者只需修改这个文件下的 MongoUtil.py 文件和 RedisUtil.py 文件即可完成本项目。

12.2.2 搭建项目运行环境

1. 安装依赖包

通过终端窗口进入本项目的工程文件夹中，运行以下代码即可自动设置运行环境。

```
pipenv install
pipenv shell
```

2. 设置环境变量

如果系统为 macOS 或者 Linux，则执行以下命令：

```
export FLASK_APP=main.py
```

如果系统为 Windows，则执行以下命令：

```
set FLASK_APP=main.py
```

12.2.3 运行项目

（1）执行以下命令启动网站：

```
flask run
```

（2）网站启动成功以后，打开浏览器，输入网址"http://127.0.0.1:5000"即可看到问题列表页面，如图 12-5 所示。

图 12-5 初始界面

（3）打开 your_code_here 文件夹下的 MongoUtil.py 文件，其初始代码如图 12-6 所示。

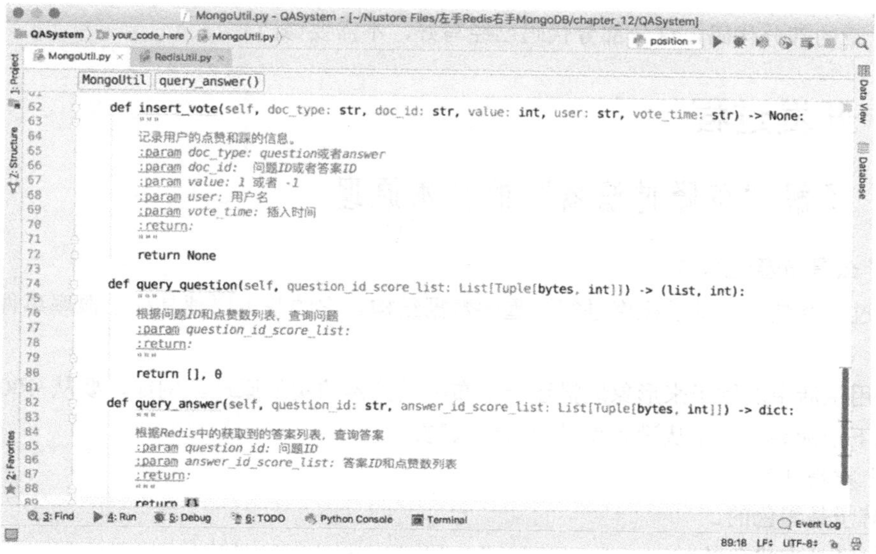

图 12-6　MongoUtil.py 初始代码

（4）RedisUtil.py 的初始代码如图 12-7 所示。

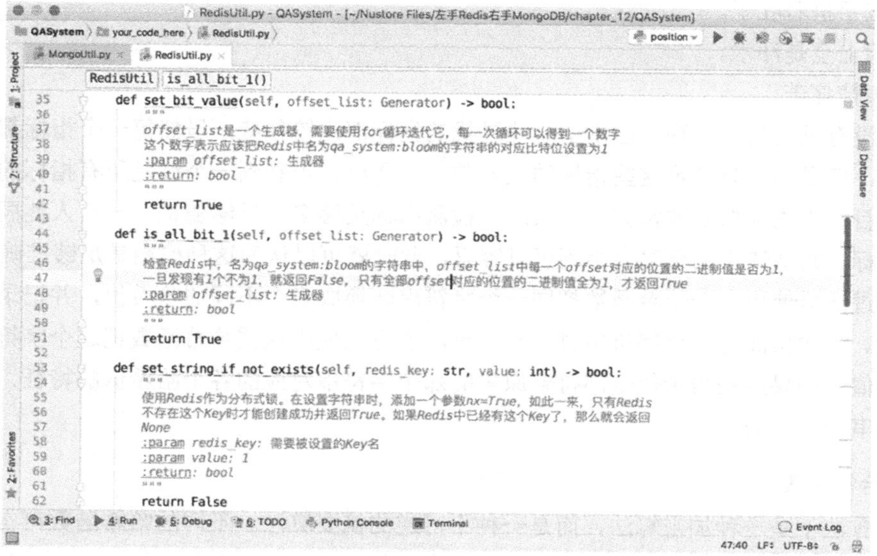

图 12-7　RedisUtil.py 初始代码

本实例需要读者实现 MongoUtil.py 和 RedisUtil.py 文件中未完成的各个方法，从而使问答网站的验重功能和动态排序功能正常使用。其中，MongoUtil.py 文件和 RedisUtil.py 文件中均包含了第 11 章的部分代码，这一部分代码已经写好，不需要修改。

12.3 开发过程

12.3.1 了解"布隆过滤器"的基本原理

1．什么是布隆过滤器

布隆过滤器是一种基于概率进行验重的数据结构。它的基本原理是：小概率事件不容易同时发生。

下面用生活中的例子来形象地描述一下布隆过滤器的实现原理。例如，要从 100 000 个人里通过以下指标寻找一个从没有见过的目标人物：

- 上衣是红色的。
- 裤子是黑色的。
- 鞋子是咖啡色的。
- 衣服左边口袋别了一个胸针。
- 背了一个绿色的双肩包。
- 双手捂着肚子。
- 脸上全是汗水。
- 表情痛苦。

虽然没有见过目标人物，但由于这些寻找的指标都比较独特，虽然每一个指标都会有一部分人满足，但是能同时满足这些指标的人非常少。所以，当看到一个满足所有指标的人时，这个人就是目标人物的概率非常大。如果这种检测指标足够多、足够随机，一个人能同时满足所有检测指标，则认错人的概率会小到可以容忍，此时就可以认为这种检测是足够准确的。

布隆过滤器使用多个哈希函数把同一个字符串转换成多个不同的哈希值，并记录这些哈希值的特征。下次再面对一个字符串时，布隆过滤器再次使用这些哈希函数把这个字符串转换为多个哈希值。如果这些哈希值全部符合原先的那个字符串对应的各个哈希值的特征，则认为这两个字符串是相同的。

2．哈希函数

哈希算法不是一种加密算法，而是一种不可逆的摘要算法。不同的哈希函数可实现不同的哈希算法。哈希函数能把一个字符串不可逆地转换为一个十六进制值，这个值可能是 32 位，也可能是 64 位或 128 位，甚至更高。这个值叫作哈希值。

使用同一个哈希算法，能够把同一个字符串转成同一个哈希值。例如，在 Python 中，可以使用 hashlib 这个自带的模块计算哈希值，见下方的代码：

```
>>> import hashlib
>>> code = '我叫青南'
>>> result = hashlib.sha256(code.encode()).hexdigest()
>>> print(result)
be30e0fe9d27d045ca730f0ca38cf4956c93e08a553e20e3db2856aeedb936cc
>>>
```

可以看出，使用 sha256 算法计算"我叫青南"这个字符串的哈希值，得到的结果是 be30e0fe9d27d045ca730f0ca38cf4956c93e08a553e20e3db2856aeedb936cc。这个结果虽然有数字又有字母，但实际上它是一个 16 进制的数，它是数字。

哈希函数对输入字符串的变化非常敏感，即使输入的字符串只有微小的改变，计算出来的哈希值也完全不同。例如在"我叫青南"后面加一个点，变成"我叫青南."，继续使用 sha256 算法，得到的值为：8ea769251f0dae54547e0943aa2196b5161c1cb60a325860f488cb6cd9317a0d。

3. 布隆过滤器的原理

假设选择 K 个哈希函数，对同一个字符串计算哈希值，就可以得到 K 个完全不同的哈希值。由于哈希值是数字，可以进行数学运算。那么让这 K 个哈希值同时除以一个数 M，可以得到 K 个余数。记录下这 K 个余数。

对于一个新的字符串，重复这个过程，如果新字符串获得的 K 个余数与原来的字符串对应的 K 个余数完全相同，那么就可以说，这两个字符串"很有可能"是同一个字符串。

这个可能性，可以通过需要检查的字符串的总数 N、哈希函数的个数 K 和被除数 M 这三个数计算出来。

 提示：

这个可能性的计算公式为：

$$1 - \left(1 - e^{\frac{-KN}{M}}\right)^K$$

其中的 e 为自然对数的底，它是一个无理数，约等于 2.718281828459045。

4. 如何压缩数据容量

K 个余数如何保存呢？无论是保存在 Python 的变量，还是在 Redis 的列表、集合或者哈希表中，占用的内存都非常可观。如何解决空间限制的问题呢？

举一个例子：一个人有两只手，一般情况下是 10 根手指，所以能够数 0～10 一共 11 个数字。那有没有办法用两只手准确数出 100 甚至 1000 个数字呢？答案就是使用二进制的方式。一根手指代表一个二进制位，10 根手指就是 10 个二进制位，一共可以表示 0～1023 一共 1024 个数字。原本需要 103 人一起用 10 根手指才能数出 1024 个数，现在一个人就能全部数完。这就是数据的压缩。

在 Redis 的字符串中，一个字符是 8 个二进制位，8 个二进制位可以储存 256 个数，见表 12-1。

表 12-1 8 位二进制与十进制的对应关系

二进制	十进制
00000000	0
00000001	1
00000010	2
00000011	3
00000100	4
……	…
11001000	200
11001001	201
……	…
11111110	254
11111111	255

Redis 的字符串的两个字符就是 16 个二进制位，可以存储 65536 个数，3 个字符就是 24 个二进制位，可以存储 2^{24} 个数。

Redis 内部限制一个字符串最多存储 2^{32} 个字符，那么就对应了 $2^{2^{32}}$（2^{32} 的值作为指数）个数。这个数字，比整个宇宙中的所有细菌还多得多得多。而这么多的数，仅仅需要 512MB 内存。

5. 如何把布隆过滤器与 Redis 结合起来

具体实现比原理简单。使用 Redis 字符串的位操作，记录 K 个余数的位置即可。要对 Redis 的字符串进行位操作，用到的两个命令为"setbit"和"getbit"。使用方法如下：

```
client.setbit('key', offset, value)
client.getbit('key', offset)
```

其中，Key 就是字符串的 Key，offset 就是第几位二进制位。value 可以为 0 或 1。例如：

```
01    import redis
02    client = redis.Redis()
03    client.setbit('test', 100, 1)
04    client.setbit('test', 988, 0)
05    client.getbit('test', 100)
```

其中，主要说明如下。
- 第 3 行代码：把名为 test 的字符串对应的二进制位中的第 100 位设为 1。
- 第 4 行代码：把名为 test 的字符串对应的二进制位中的第 988 位设为 0。
- 第 5 行代码：从名为 test 的字符串对应的二进制位中，获取第 100 位。返回的结果为数字 1。

在布隆过滤器中，只需要把 K 个余数作为 Redis 字符串二进制位的序号，把对应位数的值设为 1。这样就把 K 个余数记录了下来。

6. 布隆过滤器的弊端

如果有两个不同的字符串，理论上应该有 2×K 个余数。但实际上可能有一部分余数是相同的。这样一来，对应到 Redis 的字符串二进制位上面，可能值为 1 的二进制位会少于 2×K 个。

这是正常现象。就像本章开头那个找人的例子，可能会有不同的人具有部分相同的指标。这样做的一个弊端是，布隆过滤器只能单向验证重复。即：当布隆过滤器把第 1 个字符串写入 Redis 的字符串中以后，它可以判断第 2 个字符串是不是和第 1 个字符串重复；但是布隆过滤器没有办法根据 Redis 字符串二进制位中记录的信息恢复第 1 个字符串。如果布隆过滤器中已经写入了多个不同字符串对应的余数，它也无法知道 Redis 字符串对应的二进制位中的某一位是哪一个字符串设置为 1 的。因此，布隆过滤器只能添加数据，不能删除数据。

随着 Redis 字符串对应的二进制位中越来越多的位被设置为 1，布隆过滤器误报的概率越来越大，因为可能其他多个字符串对应的余数叠加在一起，其中的 K 个值刚好和一个新来的字符串的 K 个余数重合，这样一来就会导致这个本来不重复的字符串会被认为是重复的。

为了降低这种误报的概率，则需要提前规划好布隆过滤器将会验重的数据规模，以及能够容忍的误报率。有了这两个数据以后，就可以算出这个布隆过滤器需要多少个哈希函数，使用多少个二进制位。

> **提示：**
> 最多需要对 n 个字符串进行验证重复的操作，能够容忍的最大误报率为 p，那么，布隆过滤器将会使用到的二进制位的数量为：
>
> $$m = -\frac{n \ln p}{(\ln 2)^2}$$
>
> 哈希函数的个数为：
>
> $$k = \frac{m}{n} \ln 2$$
>
> 其中，ln 是求自然对数。

假设需要对1亿个字符串进行验证重复的操作,能够容忍的误报率为0.1%,那么可以计算得到,需要的二进制位数位1437758757位(相当于字符串中的26个字符),需要9个哈希函数。

12.3.2 使用"布隆过滤器"对注册用户进行验重

1. 设置去重位

布隆过滤器涉及的Redis操作,对应到RedisUtil.py中为set_bit_value方法。这个方法接收一个参数offset_list,使用for循环展开以后,每一次循环可以得到一个数字,这个数字就是需要在Redis的字符串对应的二进制位中置为1的位置。

为了实现这个过程,修改set_bit_value方法的代码为:

代码12-1　在Redis中设置某几位为1

```
01    def set_bit_value(self, offset_list: Generator) -> bool:
02        """
03        offset_list是一个生成器,需要使用for循环迭代它,每一次循环可以得到一个数字
04        这个数字表示应该把Redis中名为qa_system:bloom的字符串的对应比特位设置为1
05        :param offset_list: 生成器
06        :return: bool
07        """
08        for offset in offset_list:
09            self.client.setbit('qa_system:bloom', offset, 1)
10        return True
```

注意,这里的offset_list是一个生成器,不是一个列表,不能使用offset_list[1]这种方式读取里面的值。

> **提示:**
> 可能有读者会问,这个地方用循环来写数据,会不会出现并发冲突呢?比如offset_list本来需要循环9次,但是循环到第5次时别人也在注册,别的用户名的第一次循环恰好要修改的是同一个位置。此时会出现冲突吗?
> 答案是不会。因为Redis内部是单线程单进程的,而且布隆过滤器只需要保证它修改的这位置的值是1就行了,不需要考虑这个位置是不是已经为1了。

2. 验证用户名是否已经注册

验证用户名是否已经注册,只需要把用户名经过几个哈希函数计算出对应的字符串二进制

位置，然后去 Redis 中检查这些位置的值是不是为 1。
- 如果全部为 1，则说明这个用户名已经被注册了，
- 如果至少有 1 位为 0，则说明这个用户名没有被注册。

对应的方法为 is_all_bit_1，将上一段代码修改为如下。

代码 12-2　验证 K 位数据是否全为 1

```
01      def is_all_bit_1(self, offset_list: Generator) -> bool:
02          """
03          检查 Redis 中名为 qa_system:bloom 的字符串中，offset_list 中每一个 offset 对
            应的位置的二进制值是否为 1
04          一旦发现有 1 个不为 1，就返回 False。只有全部 offset 对应的位置的二进制值全为 1，
            才返回 True
05          :param offset_list: 生成器
06          :return: bool
07          """
08          for offset in offset_list:
09              if self.client.getbit('qa_system:bloom', offset) != 1:
10                  return False
11          return True
```

需要注意的是，第 9 行，Redis 的 getbit 返回的数据是整型的 1 或者 0，这和直接读取字符串的值返回 bytes 型的数据不同。

> **提示：**
> 第 8~9 行代码，需要反复使用循环从 Redis 中读取数据。这个地方也不会出现并发冲突的问题。因为即将读的这一位无论是在循环的过程中被其他的进程设置为 1，还是这个位置早就变成 1 了，并没有什么区别。
>
> 第 8~9 行代码的问题是：会对性能会有一些影响。因为每一次循环都有一次网络通信，而网络通信是非常消耗时间的。在本书这个例子中，因为只需要循环几次，所有网络通信导致的时间消耗可以忽略。但是如果循环的次数太多，则必须考虑网络消耗导致的问题。

3．添加分布式锁

设想这样一个场景，两个人同时使用不同的电脑注册，注册的用户名是相同的。此时，由于这个用户名之前没有注册过，那么这两个人不会被布隆过滤器拦住。由于布隆过滤器不能像 Redis 集合一样验证重复的同时就把数据添加进去，所以，从布隆过滤器确认一个用户名之前没有注册过，到网站把这个用户名添加到布隆过滤器中，这两步不是线程安全的，中间会有时间差。可能会有这样一种情况：第一个人刚刚通过布隆过滤器，正在把用户名添加到布隆过滤器

中,这时另一个人恰好通过了布隆过滤器。这样就会导致两个人使用同一个用户名注册成功,从而出现两个用户名一样的用户。

为了防止这个问题,就需要使用 Redis 实现一个简单的分布式锁。

这个分布式锁会在 Redis 中创建一个普通的字符串,在创建字符串时会带上 nx 参数,使得只有在 Redis 中不存在这个 Key 时才能创建成功,如果 Redis 已经有这个 Key 了则创建失败。由于 Redis 是单线程单进程的,即使两个人同时注册,那么这个添加字符串的过程也会被 Redis 排队,这会导致只有一个人能添加字符串成功,在另一个人添加时由于字符串已经存在了则添加失败。这就可以有效防止同时注册同一个账号。

设置分布式锁涉及两个方法,具体见下方代码:

代码 12-3　设置分布式锁

```
01    def set_string_if_not_exists(self, redis_key: str, value: int) -> bool:
02        """
03        使用 Redis 作为分布式锁。在设置字符串时,添加一个参数 nx=True,如此一来,只有
    Redis 不存在这个 Key 时才能创建成功并返回 True。如果 Redis 中已经有这个 Key 了,那么就会
    返回 None
04        :param redis_key: 需要被设置的 Key 名
05        :param value: 1
06        :return: bool
07        """
08        if self.client.set(redis_key, value, nx=True):
09            return True
10        return False
11
12    def delete_key(self, redis_key: str) -> bool:
13        """
14        从 Redis 中删除一个 Key
15        :param redis_key: Key 名
16        :return: bool
17        """
18        self.client.delete(redis_key)
19        return True
```

其中,主要代码说明如下:

- 第 8 行,添加字符串时,设置 nx=True,确保 Redis 不存在这个 Key 的情况下才能创建成功。添加了 nx=True 参数以后,如果设置字符串成功,则返回 True;如果设置字符串失败,则返回 None。
- 第 12 行,delete_key 方法的作用是,在注册完成以后删除锁,从而释放资源。

12.3.3 让"问题"与"回答"根据点赞数动态排序

根据点赞数排序的原理是：把每个问题和每个回答使用有序集合保存在 Redis 中，点赞数作为有序集合的评分。对评分进行排序也就实现了对问题或者回答根据点赞数进行排序的目的。

1. 保存点赞记录

用户点赞和点踩的记录需要用 MongoDB 记录下来，对应修改 MongoUtil.py 的代码如下：

代码 12-4　保存点赞记录

```
01    def insert_vote(self, doc_type: str, doc_id: str, value: int, user: str,
vote_time: str) -> None:
02        """
03        记录用户的点赞和点踩的信息
04        :param doc_type: question 或者 answer
05        :param doc_id:  问题 ID 或者回答 ID
06        :param value: 1 或者 -1
07        :param user: 用户名
08        :param vote_time: 插入时间
09        :return:
10        """
11        data = {'doc_type': doc_type,
12                'doc_id': ObjectId(doc_id),
13                'value': value,
14                'user': user,
15                'vote_time': vote_time
16        }
17        self.vote.insert_one(data)
```

2. 初始化问题的评分

当一个问题刚刚提出时，它的点赞数为 0，此时需要把这个问题初始化到 Redis 的有序集合中。所有问题使用同一个有序集合，集合名为 qa_system:question:vote。初始化的代码为：

代码 12-5　初始化问题评分

```
def add_question_vote_set(self, doc_id: str) -> None:
    """
    初始化问题的点赞数。问题添加完毕后，在 Redis 中名为"qa_system:question:vote"
的有序集合里，初始化这个问题 ID 对应的评分为 0
    :param doc_id: 问题 ID
    :return:
    """
```

```
    redis_key = 'qa_system:question:vote'
    self.client.zadd(redis_key, doc_id, 0)
```

3. 初始化回答的评分

"回答"属于不同的"问题",以"qa_system:answer:<问题ID>:vote"作为每一个问题下面所有回答使用的有序集合。当一个回答刚刚发布时,初始化排序的代码为:

代码 12-6　初始化回答评分

```
    def add_answer_vote_set(self, question_id, answer_id):
        """
        初始化回答的点赞数。回答添加完成以后,在Redis中名为"qa_system:answer:<问题
ID>:vote"的有序集合中,初始化这个回答对应的点赞数为0
        :param question_id: 回答所属的问题的ID
        :param answer_id: 回答ID
        :return:
        """
        redis_key = 'qa_system:answer:{question_id}:vote'.format(question_id=question_id)
        self.client.zadd(redis_key, answer_id, 0)
```

4. 调整问题或者回答的评分

调整有序集合中问题或者回答的评分。点赞就增加1分,点踩就减少1分。对应的代码为:

代码 12-7　调整有序集合中问题或者回答的评分

```
01  def increase_vote_score(self, doc_type: str, doc_id: str, value: str,
        question_id: str='') -> bool:
02      """
03      为问题或者回答点赞或者踩。对于问题,修改的是Redis中名为
    "qa_system:question:vote"的有序集合。对于回答,修改的是Redis中名为
    "qa_system:answer:<问题ID>:vote"的有序集合。这些有序集合的值是对应的问题ID或者
    回答ID,它们的Score是它们的点赞数。通过有序集合的zincrby方法,可以对score加1或
    者减1,从而实现修改点赞数的目的。
04      :param doc_type: question 或者 answer
05      :param doc_id: 问题 ID 或者回答 ID
06      :param value: 1 或者-1
07      :param question_id: 对于给回答点赞,需要知道这个回答是属于哪个问题的,所以还
    要问题 ID
08      :return: bool
09      """
10      if doc_type == 'question':
```

```
11                redis_key =
   'qa_system:{doc_type}:vote'.format(doc_type=doc_type)
12            else:
13                redis_key =
   'qa_system:{doc_type}:{question_id}:vote'.format(doc_type=doc_type,
14   question_id=question_id)
15            self.client.zincrby(redis_key, doc_id, value)
16            return True
```

其中，第 10~13 行代码，由于所有问题公用一个有序集合进行点赞排序，而不同问题的回答要放在不同的有序集合中进行点赞排序，所以需要根据 doc_type 的类型来构造 redis_key。构造完成以后，使用有序集合的 zincrby 方法来修改积分。

5. 根据点赞数获取问题或者回答的 ID

根据点赞数对问题或者回答进行排序。首先在问题对应的有序集合中，使用 zrevrange 方法根据积分从高到低筛选出问题 ID。如果同一个问题的积分相同，则有序集合会自动根据问题的 ID 从大到小进行排序。而如果问题的 ID 使用的是 ObjectID，ObjectID 是随着时间增加而增加的，后添加的问题的 ObjectID 更大，这样一来自然实现了"相同点赞数的问题，后提的问题排在前面"。

对应的操作 Redis 的代码为：

代码 12-8　根据点赞数获取问题或回答的 ID

```
01   def get_doc_rank_range(self, doc_type: str, start: int, offset: int,
      question_id: str='') -> List[Tuple[bytes, int]]:
02       """
03       根据点赞数从高到低对问题或者回答进行排名，查询第 start 名到第 "start + offset"
   名的问题或者回答。并把结果以如下格式返回
04       对于问题，返回：
05       [(问题 ID1，问题 1 点赞数), (问题 ID2，问题 2 点赞数), ……, (问题 IDn，问题 n
   点赞数)]
06       对于回答，返回：
07       [(回答 ID1，回答 1 点赞数), (回答 ID2，回答 2 点赞数), ……, (回答 IDn，问题 n
   点赞数)]
08       :param doc_type: question 或者 answer
09       :param start: int
10       :param offset: int
11       :param question_id: 对于回答，需要知道这个回答是属于哪个问题的，所以还要问题
   ID
12       :return:
13       """
```

```
14          if doc_type == 'question':
15              redis_key = 'qa_system:{doc_type}:vote'.format(doc_type=doc_type)
16          else:
17              redis_key = 'qa_system:{doc_type}:{question_id}:vote'.format(doc_type=doc_type,
18  question_id=question_id)
19
20          doc_id_score_list = self.client.zrevrange(redis_key, start, start + offset, withscores=True)
21          return doc_id_score_list
```

需要注意的是,第 20 行代码获取到的结果格式为:

`[(问题 ID1, 问题 1 点赞数), (问题 ID2, 问题 2 点赞数), ..., (问题 IDn, 问题 n 点赞数)]`

或者:

`[(回答 ID1, 回答 1 点赞数), (回答 ID2, 回答 2 点赞数), ..., (回答 IDn, 问题 n 点赞数)]`

并且这里的问题 ID 或者回答 ID,都是 bytes 型的数据,点赞数是浮点型数据。

由于实现了翻页功能,如果一页是 3 个问题或者 3 个回答,那么第 1 页对应的 start 为 0,第 2 页对应的 start 为 3,第 3 页对应的 start 为 6,以此类推。

 提示:

由于 zrevrange 的第 2 个参数表示截取返回的开始,第 3 个参数表示截取返回的结束,并且同时包含着两个短点,所以,如果要返回 3 个元素,则 offset 就应该设置为 2,此时返回的是 0、1、2 这三个元素。

6. 根据问题 ID 获取特定的问题

从 Redis 中获取的列表,包含了所有需要查询的问题的 ObjectID,于是就需要从 MongoDB 中一次性把这些 ObjectID 对应的问题全部查询出来。此时就会使用到 MongoDB 的 "$in" 操作符。具体格式如下:

`collection.find({'name': {'$in': ['kingname', '青南', '超人']}})`

表示查询 name 为 kingname 或者 "青南" 或者 "超人" 的三条数据。

所以,查询问题对应于 MongoUtil.py 中的以下代码:

代码 12-9　根据问题 ID 获取特定的问题

```
01  def query_question(self, question_id_score_list: List[Tuple[bytes, int]])
    -> (dict, int):
02      """
03      根据问题ID和点赞数列表，查询问题
04      :param question_id_score_list:
05      :return:
06      """
07      total_question = self.question.find().count()
08      id_score_dict = {}
09      id_order_dict = {}
10      object_id_list = []
11      for index, question_id_score in enumerate(question_id_score_list):
12          question_id = question_id_score[0].decode()
13          score = int(question_id_score[1])
14          id_score_dict[question_id] = score
15          id_order_dict[question_id] = index
16          object_id_list.append(ObjectId(question_id))
17      question_iter_obj = self.question.aggregate([
18          {'$match': {'_id': {'$in': object_id_list}}},
19          {'$lookup': {
20           'from': 'answer',
21           'localField': '_id',
22           'foreignField': 'question_id',
23           'as': 'answer_list'}}])
24
25      question_list = []
26      for question in question_iter_obj:
27          question_list.append(
28              {'title': question['title'],
29               'detail': question['detail'],
30               'author': question['author'],
31               'vote_up': id_score_dict[str(question['_id'])],
32               'answer_number': len(question['answer_list']),
33               'question_id': str(question['_id'])
34              }
35          )
36      question_list = sorted(question_list, key=lambda x: id_order_dict[x['question_id']])
37      return question_list, total_question
```

其中，主要代码说明如下。

- 第 7 行代码：查询问题的总数，这个数据用来实现翻页功能。
- 第 14 行代码：构造一个 id_socre_dict 字典，字符串型的问题 ID 作为 Key，点赞数作为 Value，用于记录每个问题的点赞数，避免重复查询 MongoDB。
- 第 14 行代码：构造一个 id_order_dict 字典，Key 为字符串型的问题 ID，Value 为问题 ID 对应的排序。用于对结果进行排序。
- 第 16 行代码：生成所有问题 ID 构成的列表。
- 第 17~23 行代码：在 MongoDB 聚合查询中查询所需要的问题及其对应的回答数。
- 第 26~35 行代码：对聚合查询的结果进行处理，记录点赞数和回答数。
- 第 36 行代码：以 Redis 返回的问题顺序对 MongoDB 查询的结果进行排序。

这个方法返回的数据中，question_list 就是已经按照点赞数和回答时间倒序排序好的问题列表，在前端网页中直接依次列出即可。

7．根据回答 ID 查询特定的回答

从 Redis 中获取的回答列表包含了所有需要查询的回答的 ObjectID，于是需要从 MongoDB 中一次把这些 ObjectID 对应的回答查询出来。

如需查询特定的回答，则需要修改 MongoUtil.py 中对应的如下代码：

代码 12-10　根据回答 ID 查询特定的回答

```
01  def query_answer(self, question_id: str, answer_id_score_list:
    List[Tuple[bytes, int]]) -> dict:
02      """
03      根据 Redis 中的获取到的回答列表，查询回答
04      :param question_id: 问题 ID
05      :param answer_id_score_list: 回答 ID 和点赞数列表
06      :return:
07      """
08      id_score_dict = {}
09      id_order_dict = {}
10      object_id_list = []
11      for index, answer_id_score in enumerate(answer_id_score_list):
12          answer_id = answer_id_score[0].decode()
13          score = int(answer_id_score[1])
14          id_score_dict[answer_id] = score
15          id_order_dict[answer_id] = index
16          object_id_list.append(ObjectId(answer_id))
17      question = self.question.find_one({'_id': ObjectId(question_id)})
18      question_answer_dict = {
19          'question_id': str(question['_id']),
```

```
20              'question_title': question['title'],
21              'question_detail': question['detail'].split('\n'),
22              'question_author': question['author'],
23              'answer_num': self.answer.find({'question_id':
   ObjectId(question_id)}).count()
24          }
25          answers = self.answer.find({'_id': {'$in': object_id_list}})
26          answer_list = []
27          for answer in answers:
28              answer_list.append(
29                  {'answer_detail': answer['answer'].split('\n'),
30                   'answer_author': answer['author'],
31                   'answer_id': str(answer['_id']),
32                   'answer_vote': id_score_dict[str(answer['_id'])]})
33          answer_list = sorted(answer_list, key=lambda x:
   id_order_dict[x['answer_id']])
34          question_answer_dict['answer_list'] = answer_list
35          return question_answer_dict
```

其中，主要代码说明如下。

- 第 14 行代码：构造一个 id_socre_dict 字典，字符串型的回答 ID 作为 Key，点赞数作为 Value，用于记录每个回答的点赞数，避免重复查询 MongoDB。
- 第 15 行代码：构造一个 id_order_dict 字典，用于对结果进行排序。Key 为字符串型的回答 ID，Value 为回答 ID 对应的排序。
- 第 16 行代码：生成所有回答 ID 构成的列表。
- 第 17 行代码：查询问题的具体信息。由于在显示回答的页面也需要显示问题的详情，所以还是需要查询一次问题。
- 第 18~23 行代码：记录问题的详细信息。其中第 23 行需要记录这个问题一共有多少个回答。所以需要查询问题的全部回答数。
- 第 25~32 行代码：查询对应的回答，并记录信息。
- 第 33 行代码：对回答进行排序。
- 第 32 行代码：把排序好的回答添加到问题详情字典中。

完成上面的功能以后，就可以在问题详情页中显示这个问题按点赞数排列好的回答。

本章小结

本章主要介绍了通过布隆过滤器来实现大规模的用户昵称验重的功能，以及使用 Redis 有序集合实现点赞数动态排序的功能。

到目前为止，本项目并未限制一个用户对同一个问题或者回答点赞数，这将会作为本项目网站的一个特色功能——可以无限次点赞。如果读者希望限制点赞数，则可以使用哈希表记录用户的点赞信息。通过问题 ID 与用户昵称作为哈希表的字段名，值为 1、0 或者-1。

- 当值为 1 时，用户不能赞。
- 当值为-1 时，用户不能踩；当值为 0 或者不存在这个字段时，用户可以点赞也可以踩。

对于回答，也是同样的逻辑。

第 13 章

重构和优化

随着代码量的增加,软件系统的复杂程度会逐渐增加,从而导致软件系统的混乱程度(熵)增加。一旦软件系统混乱到一定程度,这个系统就会失控,难以修改和维护。这是软件开发中的熵增加定理。

原则上讲,一个软件系统应该是边开发边重构的。但是由于一些客观或主观原因,可能会出现"先实现功能再来重构"的情况。例如本书第 10~12 章所开发出来的问答系统,就属于这种情况。因此,本章将讲到如何对操作数据库的代码进行重构和优化,从而使得代码更加容易阅读和维护。

13.1 划分代码层次

13.1.1 寻找问题

1. 寻找 MongoUtil 的问题

在前几章的代码中,所有操作 MongoDB 的代码都在 MongoUtil.py 文件中,所有操作 Redis 的代码都在 RedisUtil.py 文件中。但是在代码中,操作数据库的代码和部分业务代码杂糅在了一起,如图 13-1 所示。

在图 13-1 方框框住的两个方法——insert_answer(插入回答)和 insert_question(插入问题)。这两个方法不应该属于 MongoUtil.py。因为 MongoUtil 应该作为一个工具类,它在插入数据时,不需要关心插入的数据里有什么内容。而现在这两个方法,不仅写在了 MongoUtil 中,而且竟然还能知道"问题"的字段有 title、detail、author 和 ask_time。这就像一个快递员竟然知道他送的快递里面装了什么东西。显然这是不合理的。

2. 寻找 RedisUtil 的问题

RedisUtil 的问题,除了操作数据的逻辑和业务逻辑杂糅外,还有 Key 直接写在了代码里,如图 13-2 所示。

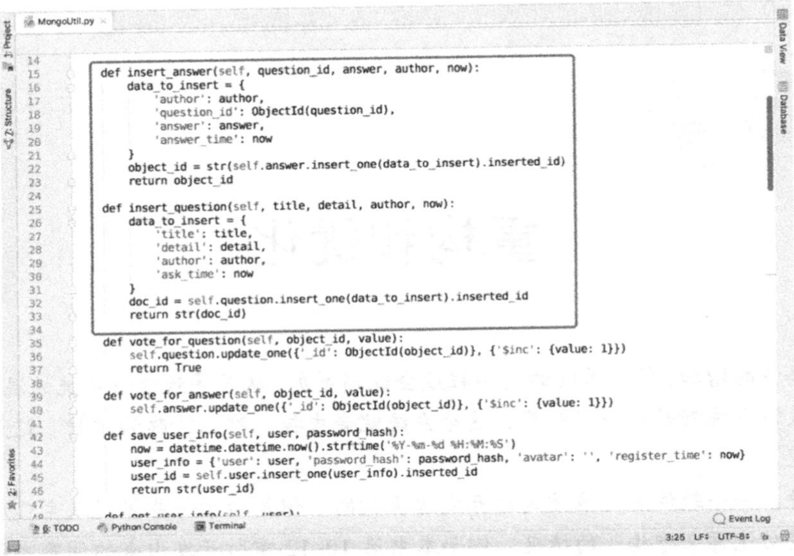

图 13-1　操作数据库的代码与业务代码杂糅

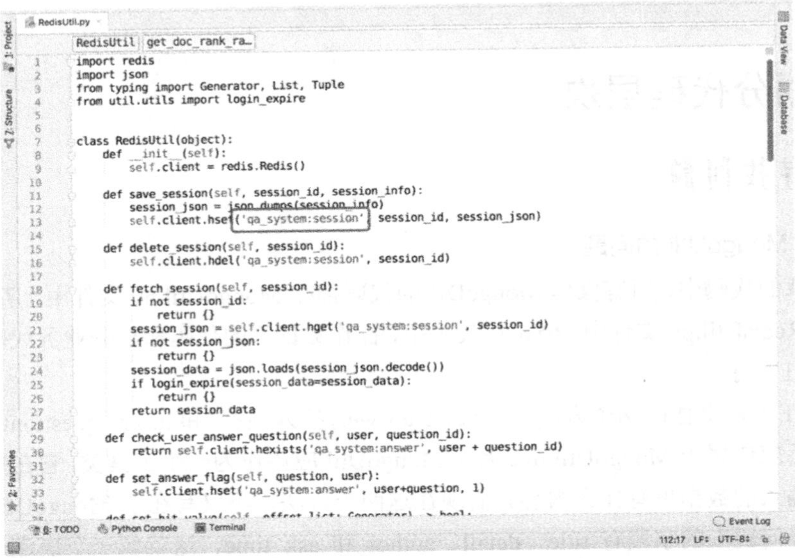

图 13-2　Redis Key 直接写在代码里面

这种写法,在程序开发中的术语叫作"Hard Code"。把 Key 写在操作 Redis 的类里面,就像快递上面不写地址,而快递员的脑袋里面却知道每个快递是送到什么地方的,这也是不合理的。

13.1.2 如何重构

一个合理的数据库操作模块,不需要知道具体的业务逻辑是什么。MongoDB 的插入操作就只需要往 MongoDB 中添加数据而不需关心"添加的是什么数据""具体有哪些字段"。在 Redis 操作 Key 时,具体要操作哪个 Key,应该是从外面传进来,而不是直接写在模块里。因此,首先要实现真正的、纯粹的数据库操作模块。

1. 重构 MongoDB 操作模块

原有的 MongoUtil.py 将会被拆分为 MongoLogic.py 和 MongoUtil.py。拆分后,MongoLogic.py 保留原来的业务逻辑;MongoUtil.py 只负责数据库操作相关的事项,不处理任何具体业务逻辑。

重构以后 MongoUtil.py 的代码如图 13-3 所示。

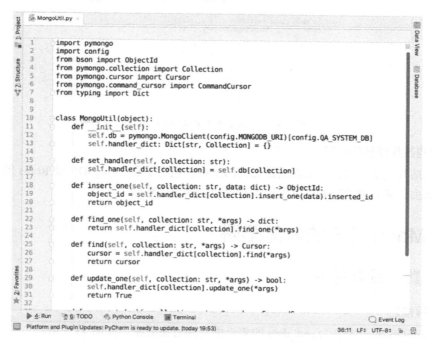

图 13-3 重构以后的 MongoUtil.py

2. 重构 Redis 操作模块

原有的 RedisUtil.py 将会被拆分为 RedisLogic.py 和 RedisUtil.py。拆分后,RedisLogic.py 保留原来的业务逻辑;RedisUtil.py 只负责 Redis 操作相关的事项,不处理任何具体业务逻辑。

重构以后 RedisUtil.py 的代码如图 13-4 所示。

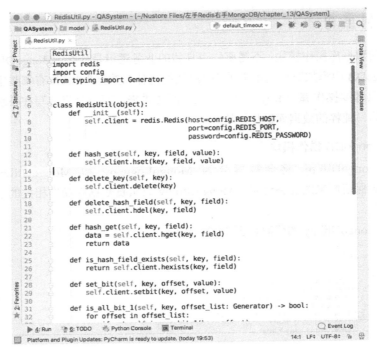

图 13-4　重构以后的 RedisUtil.py 的代码

3．重构其他部分的代码

问答网站其他地方的代码也需要做相应的重构，但由于和 MongoDB 及 Redis 的关系不大，因此本书略去。感兴趣的读者可以阅读本章对应的网站源代码。

13.2　MongoDB 的常见陷阱

13.2.1　默认超时时间

1．问题描述

在 MongoDB 的一个名为 test_data 的集合中有两百条数据，如图 13-5 所示。

逐行读取并打印，每打印一行内容就暂停 7 秒钟。在读取第 101 行数据时报错，提示找不到游标（Cursor），如图 13-6 所示。

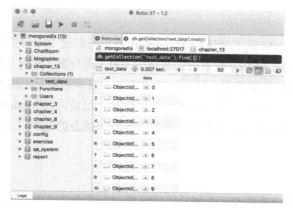

图 13-5 test_data 数据集

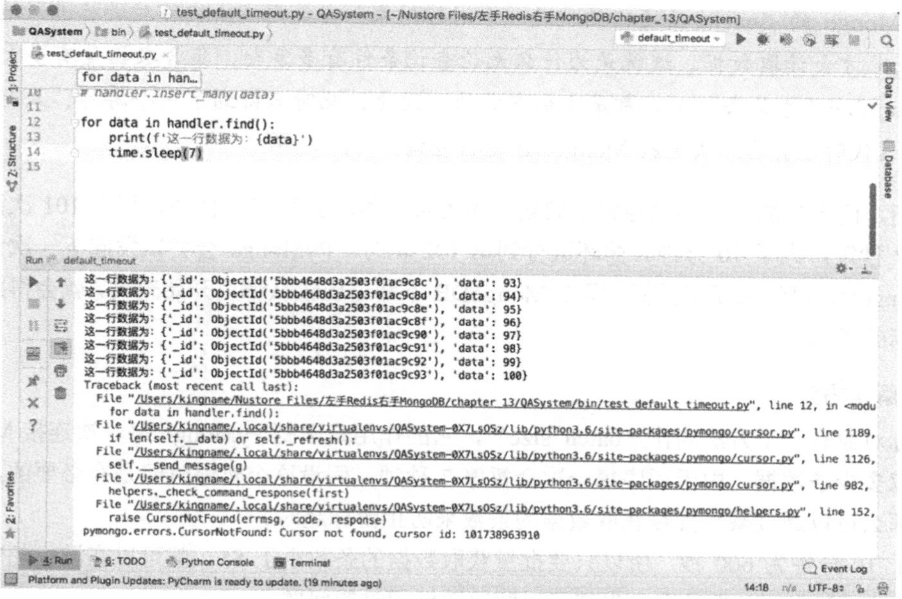

图 13-6 读取第 101 行数据时报错

2. 问题原因

这个问题可以说不是故障，而是功能。由于网络连接非常消耗时间，如果 for 循环每打印一行再连接 MongoDB 读取下一行，那么网络连接将会消耗太多的时间。所以，PyMongo 默认会一次性取 101 行数据。

对于如下代码：

```
for data in handler.find():
```

```
print(f'这一行数据为：{data}')
```

在循环的第 1 轮，PyMongo 会连接 MongoDB 然后获取前 101 行数据，并把这些数据缓存起来。循环的第 2~101 轮（第 10 轮对应的数据为 100，因为第 1 轮对应的数据为 0）都不会再发起网络连接，而是直接从缓存里一行一行读取数据。这本来是一个提高查询速度的功能。

在使用 PyMongo 时，我们不需要显式地关闭游标。这是因为 MongoDB 会自动监控，如果发现一个游标在 10 分钟内没有进行任何的数据库操作，就会把这个它关掉。这也是一个方便开发的功能。

> **提示：**
> 游标（Cursor）可以理解为一个标记，用来指向本次查询的数据位置。每读取一次数据，游标就向下移动一条数据。
> PyMongo 的 find()方法返回的就是一个游标对象，当使用 for 循环对游标进行迭代时，PyMongo 才会读取数据。这就是为什么无论查询条件有多复杂，集合数据量有多大，执行 collection.find（查询条件）时都是立刻完成的。因为，此时只得到了一个游标，只有在对游标进行迭代时才会真正去连接 MongoDB 进行查询。

然而，两个功能在一起就导致了问题。因为每次循环会暂停 7 秒钟，那么 101 次循环就会暂停 707 秒钟，大于 10 分钟。循环进行到第 102 轮时，PyMongo 会尝试发起下一次请求，但这时 MongoDB 已经关闭了游标，所以 MongoDB 不知道应该从哪里开始查询，就会得到一个找不到游标的异常。

3．解决方法

游标对象有一个方法叫作 "batch_size"，它的作用是限制 PyMongo 每一次连接 MongoDB 批量读取多少条数据。由于程序每一次会暂停 7 秒钟，假设这个暂停时间是有必要的，没法缩减的，那么可以通过减小批量获取数据的条数来防止游标超时。

由于 10 分钟为 600 秒，所以只要批量获取数据的条数小于 85，就可以在游标超时之前连接 MongoDB 获取下一批数据，也就可以解决游标超时的问题。

修改以后的代码如下：

```
01  import pymongo
02  import time
03  handler = pymongo.MongoClient().chapter_13.test_data
04
05  for data in handler.find().batch_size(85):
06      print(f'这一行数据为：{data}')
07      time.sleep(7)
```

还有一种办法——设置游标永久有效。collection.find()可以设置一个参数：no_cursor_timeout。如果把这个参数设置为 True，则游标就不会过期，具体格式如下：

```
collection.find({'name': 'xxx', 'age': 20}, {'_id': 0}, no_cursor_timeout=True)
```

例如：

```
01    cursor = handler.find(no_cursor_timeout=True)
02    for data in cursor:
03        print(f'这一行数据为：{data}')
04        time.sleep(7)
05    cursor.close()
```

其中，主要代码说明如下。
- 第 1 行代码：查询所有数据获得游标，并把游标赋值给一个名为 cursor 的变量。
- 第 2~4 行代码：迭代游标，查询数据。
- 第 5 行代码：显式关闭游标。

提示：

第二种做法应谨慎使用。因为一旦设置游标永不超时，那么使用完成以后必须手动关闭游标，否则它将会一直占用 MongoDB 的资源（即使 Python 程序已经关闭了，被占用的资源也不会自动释放），直到重启 MongoDB。

13.2.2 硬盘空间的使用

随着数据量的增加，MongoDB 占用的硬盘空间也会随之增加。假设某一个集合里有 10 000 000 条数据，占用硬盘空间 4GB。现在删除 9 999 999 条数据，你会发现这个只剩下 1 条数据的集合占用的空间仍然是 4GB。如果想释放硬盘空间，则需要把整个集合删除。

MongoDB 提供了一些命令，可以在不删除集合的情况下释放硬盘空间，但是这些命令并不通用，有一些只能用在单机单节点模式中，有一些只能用在集群中，有一些只能用在 WiredTiger 模式中，还有一些只能用在 MMApv1 模式中。并且在释放空间时，集合的读写功能会受到影响。

由于 MongoDB 储存空间优化是数据库工程师的工作，不是本书需要考虑的内容，因此这里介绍一个通用又简单的解决办法：

（1）把新的数据写入新的集合中。
（2）老数据里需要留下的部分也重新插入新的集合。
（3）删除老集合。
（4）重建索引。

13.3 使用 Redis 的注意事项

13.3.1 "多 Redis 实例"与"单 Redis 实例多数据库"的差异

在某些项目中，Redis 会不可避免地产生非常多的 Key。如果多个不同的项目共用同一个 Redis，那么它们的 Key 就会混在一起，这样不方便管理。

有一个集群系统需要更新版本，而新版本又涉及 Redis 键值的修改，如果新旧版本使用同一个 Redis，则必须进行冷部署。因为，热部署会导致一旦一部分新的版本运行起来了，它们对 Redis 的修改可能会导致正在运行的老版本程序报错。

要解决这个问题，直观想到的办法是：多用几台服务器，每台服务器上面只部署一个 Redis。那么如果只有一个服务器怎么办呢？

1. 在一台服务器上运行 Redis 的多个实例

由于 Redis 服务的启动命令为：

```
redis-server 配置文件路径
```

所以，只要有多个配置文件，每个配置文件里面保证端口号、日志路径、pid 文件路径、数据文件路径不同，就可以通过多次运行此命令来启动多个 Redis 实例。

例如，在默认的 Redis 配置文件中，对端口号、日志路径、pid 文件路径、数据文件路径的配置信息为：

```
port 6379
pidfile /usr/local/var/run/redis.pid
logfile /var/log/redis/redis.log
dir /var/lib/redis
```

现在，重命名配置文件为 redis_1.conf，并将内容修改为以下：

```
port 6379
pidfile /usr/local/var/run/redis_1.pid
logfile /var/log/redis/redis_1.log
dir /var/lib/redis_1
```

保存以后，复制这个配置文件生成 redis_2.conf，并修改里面的信息为：

```
port 6378
pidfile /usr/local/var/run/redis_2.pid
logfile /var/log/redis/redis_2.log
dir /var/lib/redis_2
```

如要启动两个 Redis 实例，则可以分别运行两条命令：

```
redis-server redis_1.conf
redis-server redis_2.conf
```

这种方法创建出来的两个 Redis 实例，一个使用 6379 端口，另一个使用 6378 端口。两个实例完全隔离，互不影响。但弊端是过程繁琐。

2．使用 Redis 自带的 16 个数据库

一个 Redis 实例，实际上自带了 16 个命名空间互相隔离的数据库。在默认情况下，用命令行进入 Redis 交互环境的命令为"redis-cli"，运行以后执行"keys *"命令可以看到当前有很多的 Key，如图 13-7 所示。

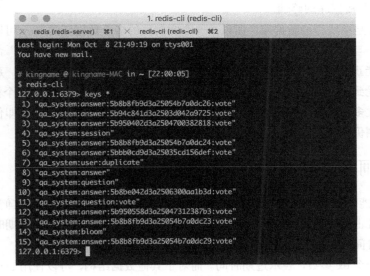

图 13-7　Redis 中已经有很多 Key 了

退出交互模式，稍微修改一下命令（见下方）再次运行。效果如图 13-8 所示。

```
redis-cli -n 2
```

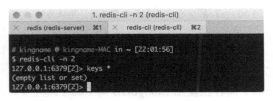

图 13-8　修改命令以后进入 Redis 交互模式

从图 13-8 可以看出，现在进入的这个交互模式就像是一个全新的 Redis，其中什么数据都没有。

Redis 的一个实例自带了 16 个数据库，编号为 0~15。在终端里可以使用以下命令进入不同的数据库。如果省略"-n"参数，表示使用"0"号数据库。

```
redis-cli -n 数据库编号
```

在 Python 中，可以使用"db"参数进入不同的数据库，见下方代码：

```
import redis
client = redis.Redis(db=2)  # 进入编号为"2"的数据库，省略"db"参数表示使用"0"号数据库
```

默认数据库的数量是 16，可以通过修改 Redis 的配置文件来增加可用的数据库的个数。

3. 单实例多数据库的弊端

由于 Redis 是单线程的数据库，所以，一个实例里的多个数据库的 Key 可以同名，且互不冲突。但是，一旦其中一个数据库卡住（例如对几百万个 Key 执行"keys *"命令），那么其他数据库也不能正常使用。一旦对某一个数据库进行了一个比较耗时的操作，那么对其他数据库的操作都会受到影响。一个 Redis 实例的所有数据库都只能共享 CPU 的一个核。

而如果通过多个配置文件启动多个 Redis 实例，则不会存在这种问题，即使一个实例卡死了，其他的实例仍能正常工作。

13.3.2 尽可能为每个 Key 设置过期时间

Redis 中可能会有几百万个 Key，而如果不手动清理这些 Key，日积月累它们就会拖慢 Redis 的运行效率并且占用大量内存空间。所以，尽可能为每个 Key 设置合理的过期时间，这样即使忘记清理，到时间以后 Redis 也会自动把它删除，从而有效释放内存空间。

字符串有一个 ex 参数，表示过期时间。而对于其他数据结构，可以使用 expire 方法来设置过期时间：

```
import redis
client = redis.Redis()
client.hset('test', 'field', 123)
client.expire(test, 100)  # 第 2 个参数表示过期时间，单位为秒
```

本章小结

本章是本书的最后一章。读者在使用 MongoDB 与 Redis 做开发时，需要考虑代码的层次和逻辑，并且在开发的过程中注意代码编写规范。

MongoDB 和 Redis 在开发过程中的可能会有一些陷阱。读者应该多以官方文档为依据，在遇到问题时，可查询官方文档看是否有提到相关的情况。